智能制造技术专业"十三五"规划教材
产 教 融 合 系 列 教 程
应用型人才终身学习计划

ENGI 耕致智能　EduBot 哈工海渡教育集团　JYZ技皆知

U0174754

编程
技术应用初级教程
（西门子）

总主编　张明文
主　编　王璐欢　王　伟
副主编　黄建华　顾三鸿　何定阳

"六六六"教学法

◆ 六个典型项目
◆ 六个鲜明主题
◆ 六个关键步骤

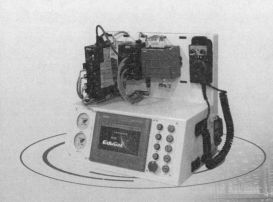

www.jijiezhi.com
教学视频+电子课件+技术交流

哈尔滨工业大学出版社
HARBIN INSTITUTE OF TECHNOLOGY PRESS

内 容 简 介

本书基于西门子 S7-1200 系列 PLC，从 PLC 编程应用过程中需掌握的技能出发，由浅入深、循序渐进地介绍了西门子 S7-1200 系列 PLC 的编程技术初级知识。全书分为两部分，第一部分为基础理论，系统介绍了 PLC 产业概况、PLC 产教系统、PLC 编程基础、伺服控制系统和步进控制系统等实用内容；第二部分为项目应用，基于"六六六教学法"，即六个核心案例、六个项目主题、六个项目步骤，讲解了西门子 S7-1200 系列 PLC 的编程、调试、自动生产的过程。通过学习本书，读者可对西门子 S7-1200 系列 PLC 的实际使用有一个全面、清晰的认识。

本书既可作为高等院校和中高职院校自动化相关专业的教材，又可作为自动化培训机构用书，同时可供相关行业的技术人员参考。

图书在版编目（CIP）数据

PLC 编程技术应用初级教程：西门子 / 王璐欢，
王伟主编. —哈尔滨：哈尔滨工业大学出版社，2021.3
产教融合系列教程 / 张明文总主编
ISBN 978-7-5603-9170-0

Ⅰ. ①P… Ⅱ. ①王… ②王… Ⅲ. ① PLC 技术—程序设计—教材 Ⅳ. ①TM571.61

中国版本图书馆 CIP 数据核字（2020）第 215844 号

策划编辑	王桂芝　张　荣
责任编辑	佟雨繁
出版发行	哈尔滨工业大学出版社
社　　址	哈尔滨市南岗区复华四道街 10 号　邮编 150006
传　　真	0451-86414749
网　　址	http://hitpress.hit.edu.cn
印　　刷	哈尔滨市石桥印务有限公司
开　　本	787mm×1092mm　1/16　印张 18.75　字数 468 千字
版　　次	2021 年 3 月第 1 版　2021 年 3 月第 1 次印刷
书　　号	ISBN 978-7-5603-9170-0
定　　价	56.00 元

编审委员会

前　言

自"中国制造 2025"国家战略提出发展至今,中国工业自动化已经进入快速发展阶段。具体而言,在产品质量、性能、外观以及综合性价比方面都有着更高层次的需求,装备制造业整体性产业升级开始加速,领先制造企业对于新技术、新产品和新解决方案的需求持续上升。此时,先进的自动化企业为行业带来先进的 PLC 技术,成为各大制造业的一大制胜法宝。随着 PLC 技术的不断进步和完善,PLC 作为工业自动化控制器中的典型产品,在自动化产业中将越来越重要。

从国内人力资源市场供需情况来看,对 PLC 技能人才的需求一直保持高位状态,技能人才培养供不应求局面亟须改变。技工短缺已从过去的局部性演变为现在的普遍性;从过去的阶段性演变为现在的常态性。

日前,国务院办公厅印发《职业技能提升行动方案(2019—2021 年)》(以下简称《方案》),《方案》明确了未来三年具体目标任务:三年共开展各类补贴性职业技能培训 5 000 万人次以上,其中 2019 年培训 1 500 万人次以上;经过努力,到 2021 年底技能劳动者占就业人员总量的比例达到 25% 以上,高技能人才占技能劳动者的比例达到 30% 以上。

本书基于西门子 S7-1200 系列 PLC,从 PLC 应用过程中需掌握的技能出发,通过项目式教学法由浅入深、循序渐进地介绍了 PLC 的基础知识、基本指令。从安全操作注意事项切入,配合丰富的实物图片,系统介绍了 PLC 逻辑控制、PROFINET 协议通信、高速计数器的应用、步进电机的定位、伺服电机的定位等实用内容。基于具体案例,讲解了 PLC 的编程、调试、自动生产的过程。通过学习本书,读者可对 PLC 的实际使用过程有一个全面、清晰的认识。

本书图文并茂,通俗易懂,实用性强,既可作为高等院校和中高职院校自动化相关专业的教材,又可作为自动化培训机构用书,同时可供相关行业的技术人员参考。为了提高教学效果,在教学方法上,建议采用启发式教学,开放性学习,重视小组讨论;在学习过程中,建议结合本书配套的教学辅助资源,如教学课件及视频素材、教学参考与拓展资料等。

限于编者水平,书中难免存在疏漏及不足之处,敬请读者批评指正。任何意见和建议可反馈至 E-mail: market@jijiezhi.com。

编　者
2020 年 4 月

目　　录

第一部分　基础理论

第二部分　项目应用

第一部分 基础理论

第1章 工业控制器概况

1.1 工业控制器产业概况

随着工业生产的自动化程度越来越高，工业控制器作为工业自动化中不可分割的一部分，对工业自动化发展起着无可比拟的推进作用，各类功能丰富的工业控制器的出现加速

❈ PLC 产业和发展概况

了工业生产由人工化向自动化的转化。工业控制器主要有工控机（Industrial Personal Computer，IPC）、分布式控制系统（Distributed Control System，DCS）和可编程逻辑控制器（Programmable Logic Controller，PLC）等类型，如图 1.1 所示。本书主要介绍可编程逻辑控制器（PLC）。

(a) IPC

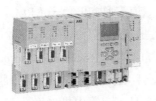
(b) DCS

(c) PLC

图 1.1 工业控制器

国际电工委员会（IEC）在其标准中将 PLC 定义为：可编程逻辑控制器是一种数字运算操作的电子系统，是专为在工业环境应用而设计的。它采用一类可编程的存储器，

用于其内部存储程序，执行逻辑运算、顺序控制、定时、计数与算术操作等面向用户的指令，并通过数字或模拟式输入/输出控制各种类型的机械或生产过程。可编程逻辑控制器及其有关外部设备，都按易于与工业控制系统联成一个整体、易于扩充其功能的原则进行设计。

1.2 PLC 发展概况

1.2.1 国外发展历程

1968 年 4 月，GM（通用汽车）工程师 Dave Emmett 提出了"标准机器控制器"的开发建议，他设想的控制器将取代控制机器运行的继电器系统。在 GM 发布开发的招标书后，有 7 家公司应标，最后只有 3 家公司提供了实际原型机进行项目测试，它们分别是数字设备公司（DEC）的 PDP-14、信息仪表公司（3-Ⅰ）的 PDQ-Ⅱ 和贝德福德协会（Bedford Associates）的 Modicon 084，如图 1.2 所示。由于 DEC 的 PDP-14 是第一台用于现场测试的原型机，被业界公认为世界上第一台 PLC。

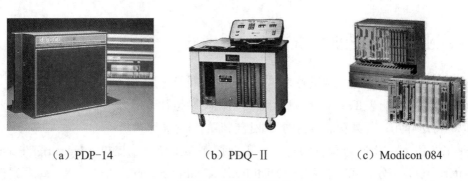

(a) PDP-14   (b) PDQ-Ⅱ   (c) Modicon 084

图 1.2 提案产品图片

1971 年，Modicon 084 凭借与继电器梯形图类似的编程语言和优良的操作性能，最终成为工厂工程师的首选控制器。同年，日本从美国引进了 PLC 技术，很快研制成了日本第一台 DCS-8。1973 年，德国研制出第一台 PLC。

目前，国外 PLC 产品按地域主要分成三个流派，分别是美国产品、欧洲产品、日本产品。美国产品有罗克韦尔自动化（Rockwell Automation，PLC 品牌：Allen Bradley）、通用电气（General Electric）；欧洲产品有德国的西门子（Siemens）、法国的施耐德（Schneider Electric）；日本产品有三菱电机（Mitsubishi Electric）、欧姆龙（Omron）。

分析机构 QYResearch 发布的《2020—2026 全球与中国可编程逻辑控制器（PLC）市场现状及未来发展趋势》显示，欧洲是最大的消费市场，2014 年市场份额为 38%，2018 年市场份额为 37%，下降 1%；亚太和北美分别位列第二和第三，2018 年市场份额分别为 35% 和 20%。2019 年全球可编程逻辑控制器（PLC）市场总值达到了 807 亿元，QYResearch 预测 2026 年可以增长到 1 036 亿元，年复合增长率（CAGR）为 3.6%。

1.2.2 国内发展历程

自 20 世纪 70 年代以来,我国就开始了 PLC 的研究与应用。1977 年我国成功研制了第一台具有实用价值的 PLC,不仅有了批量产品,而且开始应用于工业生产控制。目前国产 PLC 厂商众多,主要集中于我国的台湾、北京、浙江、江苏和深圳,例如:信捷、汇川、和利时、永宏、台达等。

由于起步较晚,国内 PLC 行业生产的产品主要集中在中小型产品领域。中国目前市场上 95% 以上的 PLC 产品来自国外公司,主要厂商为西门子、三菱、欧姆龙、罗克韦尔自动化、施耐德、通用电气等。欧美公司在大、中型 PLC 领域占有绝对优势,日本公司在小型 PLC 领域占据十分重要的位置。

根据新思界产业研究中心发布的《2020—2025 年中国 PLC 行业国际市场投资前景分析及投资策略建议报告》显示,随着科学技术的飞速发展以及国内工业自动化生产需求的逐渐升级,我国 PLC 技术日益成熟,行业整体呈现较为稳定的增长态势。我国 PLC 行业市场规模从 2015 年的 76.5 亿元增长至 2019 年的 115.3 亿元,年均复合增长率达到 8.6%;预计在未来一段时间内,我国 PLC 行业市场规模仍有着一定的增长潜力。

1.2.3 产业发展趋势

近年,工业计算机技术(IPC)和现场总线技术(FCS)发展迅速,挤占了一部分 PLC 市场,PLC 增长速度出现渐缓的趋势。但是另一方面,当今的工业控制市场上一些 PLC 生产商已经开始利用 IT 业的一些最新的软硬件成果不断完善和扩充 PLC 的功能,使现代意义上的 PLC 远远超越了“逻辑控制”的功能和概念。因而新型 PLC 的市场潜力是不可估量的,发展前景广阔。PLC 产业发展趋势如下。

1. 向高速度、大容量方向发展

随着 PLC 运算能力的不断提高,PLC 在数据交换方面的能力和需求也在不断提高。另外,IT 技术的飞速发展使得微型高速存储设备的容量越来越大,价格越来越低,可靠性却越来越有保障。越来越多的 PLC 控制系统已经在使用 64 M、128 M 甚至更大容量的 Flash 存储设备。

2. 品种多样化

目前中小型 PLC 较多,为适应市场的需要,PLC 要向多品种方向发展,特别是向超大型和超小型两个方向发展。

3. 编程语言高级化、多样化

随着 PLC 系统结构的不断发展,PLC 的编程语言也在朝着多种语言方向发展。目前,中小型 PLC 编程语言比较流行的是梯形图语言,但是新的编程语言也在不断涌现。现在已有部分 PLC 采用高级语言(如 BASIC、C 语言等)。现阶段,面向过程的编程语言将是一个重要的发展方向。

4. 智能模块将更加丰富多彩

为了适应各种特殊功能的需要，各种智能模块将层出不穷。智能模块是以微处理器为基础的功能部件，它可以与 PLC 的主处理器并行工作，大大减少占用主处理器的时间，有利于提高 PLC 的扫描速度和运行效率。同时，发展智能模块可以提高 PLC 处理信息的能力，增强 PLC 的控制功能，如数控模块、语音处理模块等。

5. 网络通信能力将显著增强

近年来，在通信能力上，现场总线的出现，已使得各个独立的 PLC 系统之间可以传递信息，实时以太网技术也走进了 PLC 厂商的视野，甚至在实时以太网产品中已经能够支持 PROFINET 等现场总线。

1.3 PLC 技术基础

1.3.1 PLC 组成

PLC 实质上是一种专用于工业控制的计算机，其硬件结构基本上与微型计算机相同。PLC 基本构成如图 1.3 所示。

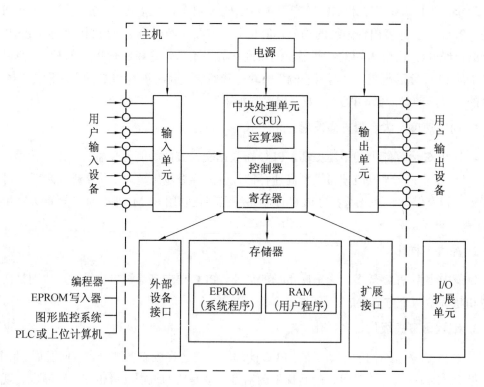

图 1.3 PLC 基本构成图

1. 电源

电源模块用于将外部供电转换为内部所需电压，PLC 供电方式分为交流供电和直流供电两种。

2. 中央处理单元（CPU）

中央处理单元是 PLC 的控制中枢，也是 PLC 的核心部件，其性能决定了 PLC 的性能。中央处理单元由运算器、控制器和寄存器组成，这些电路都集成在一块芯片上，通过地址总线、控制总线与存储器的输入/输出接口电路相连。中央处理单元的作用是处理和运行用户程序，进行逻辑和数学运算，控制整个系统使之协调。

3. 存储器

存储器是具有记忆功能的半导体电路，它的作用是存放系统程序、用户程序、逻辑变量和其他一些信息。其中，系统程序是控制 PLC 实现各种功能的程序，由 PLC 生产厂家编写，并写入可擦除可编程只读存储器（EPROM）中，用户不能访问。

4. 输入单元

输入单元是 PLC 与被控设备相连的输入接口，是信号进入 PLC 的桥梁，它的作用是接收主令元件、检测元件传来的信号。输入的类型有直流输入、交流输入、交直流输入，如图 1.4 所示。

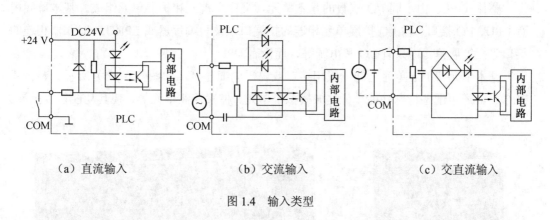

（a）直流输入　　　　　　　（b）交流输入　　　　　　　（c）交直流输入

图 1.4　输入类型

5. 输出单元

输出单元也是 PLC 与被控设备之间的连接部件，它的作用是把 PLC 的输出信号传送给被控设备，即将中央处理单元送出的弱电信号转换成电平信号，驱动被控设备的执行元件。输出的类型有继电器输出、晶体管输出、晶闸管输出，如图 1.5 所示。

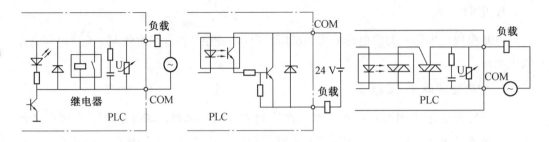

（a）继电器输出   （b）晶体管输出   （c）晶闸管输出

图 1.5　输出类型

1.3.2　PLC 分类

PLC 产品种类繁多，其规格和性能也各不相同。通常根据 PLC 结构形式和 I/O 点数等进行分类。

1. 按结构形式分类

根据 PLC 的结构形式，可将 PLC 分为整体式和模块式两类。

（1）整体式 PLC。

整体式 PLC 是将电源、CPU、I/O 接口等部件都集中装在一个机箱内，如图 1.6（a）所示，具有结构紧凑、体积小、价格低的特点。小型 PLC 一般采用整体式结构。

整体式 PLC 由不同 I/O 点数的基本单元（又称主机）和扩展单元组成。基本单元内有 CPU、I/O 接口、与 I/O 扩展单元相连的扩展口以及与编程器或 EPROM 写入器相连的接口等；扩展单元内只有 I/O 和电源等，而没有 CPU。

基本单元和扩展单元之间一般用接口或扁平电缆连接，如图 1.6（b）所示。整体式 PLC 一般还可配备特殊功能单元，如模拟量单元、位置控制单元等，使其功能得以扩展。

通信扩展模块　　整体式 PLC　　数字量扩展模块

（a）整体式 PLC　　　　　　　　（b）扩展单元的连接

图 1.6　整体式 PLC

（2）模块式 PLC。

模块式 PLC（图 1.7（a））将 PLC 的各组成部分分别做成若干个单独的模块，如 CPU 模块、I/O 模块、电源模块（有的含在 CPU 模块中）以及各种功能模块。模块式 PLC 的典型模块如图 1.7（b）所示。

模块式 PLC 的特点是配置灵活，可根据需要选配不同规模的系统，而且装配方便，便于扩展和维修。大、中型 PLC 一般采用模块式结构。

电源模块　CPU 模块　数字量模块　模拟量模块

（a）模块式 PLC　　　　　（b）模块式 PLC 的典型模块

图 1.7　模块式 PLC

2. 按 I/O 点数分类

根据 PLC 的 I/O 点数的多少，可将 PLC 分为微型机、小型机、中型机和大型机 4 类，具体分类标准见表 1.1。

表 1.1　PLC 分类标准

PLC 分类	I/O 点数
微型 PLC	<64
小型 PLC	64～256
中型 PLC	256～2 048
大型 PLC	>2 048

1.3.3　主要技术参数

PLC 的性能主要从存储容量、I/O 点数、扫描速度、指令的功能与数量、内部寄存器的种类与数量、特殊功能单元的种类与功能和可扩展能力等技术参数进行衡量。

1. 存储容量

存储容量是指用户程序存储器的容量。若用户程序存储器的容量大，则可以存储复杂的程序。一般来说，存储容量用 K 字（KW）或 K 字节（KB）、K 位来表示，这里的 1 K=1 024。有的 PLC 用"步"来衡量存储容量，1 步占 1 个地址单位。

8

2. I/O 点数

输入/输出（I/O）点数是 PLC 可以接收的输入信号和输出信号的总和，是衡量 PLC 性能的重要指标。I/O 点数越多，外部可接的输入设备和输出设备就越多，控制规模就越大。

3. 扫描速度

扫描速度是指 PLC 执行用户程序的速度，是衡量 PLC 性能的重要指标。一般以扫描 1 000 步用户程序所需的时间来衡量扫描速度，通常以 ms/千步为单位。PLC 用户手册一般给出执行各条指令所用的时间，可以通过比较各种 PLC 执行相同的操作所用的时间，来衡量扫描速度的快慢。

4. 指令的功能与数量

指令功能的强弱、数量的多少也是衡量 PLC 性能的重要指标。编程指令的功能越强、数量越多，PLC 的处理能力和控制能力也越强，用户编程也越简单和方便，越容易完成复杂的控制任务。

5. 内部寄存器的种类与数量

在编制 PLC 程序时，需要用到大量的内部寄存器来存放变量、中间结果、保持数据、定时计数、模块设置和各种标志位等信息。这些寄存器的种类与数量越多，表示 PLC 的存储和处理各种信息的能力越强。

6. 特殊功能单元的种类与功能

特殊功能单元种类的多少与功能的强弱是衡量 PLC 产品的一个重要指标。近年来各 PLC 厂商非常重视特殊功能单元的开发，特殊功能单元种类日益增多，功能越来越强，使 PLC 的控制功能日益扩大。

7. 可扩展能力

PLC 的可扩展能力包括 I/O 点数的扩展、存储容量的扩展、联网功能的扩展、各种功能模块的扩展等。在选择 PLC 时，经常需要考虑 PLC 的可扩展能力。

1.4 PLC 应用

目前，PLC 在国内外已广泛应用于钢铁、石油、化工、电力、建材、机械制造、汽车、轻纺、交通运输、环保及文化娱乐等各个行业。按使用的技术分类，PLC 应用可归纳为逻辑控制、过程控制、数据处理、运动控制、网络控制等。本书主要介绍逻辑控制、数据处理、运动控制和网络通信。

❋ PLC 行业应用

1.4.1　逻辑控制应用

逻辑控制是 PLC 最基本、应用最广泛的功能。PLC 拥有与（AND）、或（OR）、非（NOT）等逻辑指令，在很大程度上取代了传统的继电器控制系统，能实现逻辑控制和顺序控制，可用于自动化生产线的控制等。产品组装生产线的逻辑控制应用，如气缸的逻辑控制应用，如图 1.8 所示。

图 1.8　气缸的逻辑控制应用

1.4.2　数据处理应用

PLC 具有数学运算（含矩阵运算、函数运算、逻辑运算）、数据传送、数据转换、排序、查表、位操作等功能，可以完成数据的采集、分析及处理。这些数据可以通过通信接口传送到指定的智能装置进行处理，或将它们打印备用。通过 PLC 对传感器的数据进行处理，可以完成手机膜的生产，如图 1.9 所示。

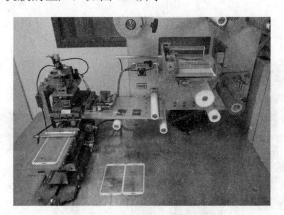

图 1.9　传感器的数据处理应用

1.4.3　运动控制应用

PLC 可以用于圆周运动或直线运动的控制。从控制机构配置来说，早期直接用于开关量 I/O 模块连接位置传感器和执行机构，现在一般使用专用的运动控制模块，可驱动步进系统或伺服系统的控制模块。世界上各主要 PLC 生产厂家的产品几乎都具有运动控制功能，广泛用于各种机床、机器人、电梯等场合。通过 PLC 控制伺服电机，可实现对直角坐标机器人的运动控制，如图 1.10 所示。

图 1.10 直角坐标机器人

1.4.4 网络通信应用

　　PLC 通信分为 PLC 间的通信及 PLC 与其他智能设备间的通信。随着计算机控制的发展，工厂自动化网络发展得很快，各 PLC 生产厂商都十分重视 PLC 的通信功能，纷纷推出各自的网络系统，现在各种 PLC 都具有通信接口，通信非常方便。PLC 通过网络接口可以轻松地与生产线的触摸屏通信，并通过远程监视模块和云服务器实现远程监控，如图 1.11 所示。

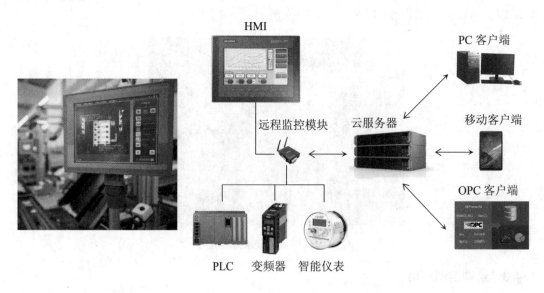

（a）生产线的人机通信　　　　　　　　　　（b）远程监控

图 1.11 网络通信应用

1.5　PLC 人才培养

深化产教融合、产学研结合、校企合作是高等教育，特别是应用型高等教育发展的必由之路。近年来，普通本科院校坚持以经济社会发展需要为导向，主动服务"中国制造 2025"等国家战略，紧密对接经济带、城市群、产业链布局，全面深化综合改革，推进产学研合作办学、合作育人、合作就业、合作发展，促进人才培养供给侧和产业需求侧结构要素的全方位融合，加快培养各类卓越拔尖人才。

1.5.1　人才分类

人才是指具有一定的专业知识或专业技能，进行创造性劳动，并对社会做出贡献的人，是人力资源中能力和素质较高的劳动者。

具体到企业中，人才的概念这样定义：人才是指具有一定的专业知识或专业技能，能够胜任岗位能力要求，进行创造性劳动并对企业发展做出贡献的人，是人力资源中能力和素质较高的员工。

按照国际上的分法，普遍认为人才分为学术型人才、工程型人才、技术型人才、技能型人才四类，如图 1.12 所示。其中，学术型人才单独分为一类，工程型人才、技术型人才与技能型人才统称为应用型人才。

图 1.12　人才分类

➤ **学术型人才**为发现和研究客观规律的人才，其基础理论深厚，具有较好的学术修养和较强的研究能力。

➤ **工程型人才**为将科学原理转变为工程或产品设计、工作规划和运行决策的人才，有较好的理论基础，有较强的应用知识解决实际工程的能力。

➤ **技术型人才**是在生产第一线或工作现场从事为社会谋取直接利益工作的人才，把工程型人才或决策者的设计、规划、决策变换成物质形态或对社会产生具体作用，有一定的理论基础，但更强调在实践中应用。

➤ **技能型人才**是指各种技艺型、操作型的技术工人，主要从事操作技能方面的工作，强调工作实践的熟练程度。

1.5.2 产业人才现状

1. 人才缺口巨大

工程技术人才培养的数量和质量还不能满足制造业发展的需求。《制造业人才发展规划指南》预测，到 2025 年，制造业十大重点领域人才缺口将近 3 000 万。此外，我国制造业高端工程技术人才还存在较大缺口，特别是转化成果行业应用人才和生产服务一线的技术型人才，而职业教育就承担了这两种人才的培养，占整个高等教育结构的 70 %。由此可见，我国的工程教育不仅要在人才培养数量上满足制造业的发展要求，在人才培养质量上也需进一步提升。

2. PLC 自学者存在的困境

（1）缺少 PLC、触摸屏、伺服电机等设备的练习，没有学习所需的硬件环境，导致理论脱离实际，学习周期长，学习效果不明显。

（2）缺少专业人员指导，实际行业应用中也找不到人请教，结果只能是眼高手低，学而不精，做起项目无从下手。

（3）缺少学习伙伴，工作中遇到的问题得不到及时讨论和解决，长期闭门造车，学习兴趣逐渐散失。

（4）缺乏 PLC 周边配套设备的选型和使用经验，只能盲人摸象，不得要领。

1.5.3 产业人才职业规划

PLC 编程技术是一门多学科交叉的综合性学科，对人才岗位的需求主要分为以下三类。

1. 学术型岗位

PLC 控制技术涉及机械、电力电子技术、微电子技术、计算机控制技术、控制理论、信号检测与处理等学科领域，伴随着工业控制要求的日益复杂化和精确化，PLC 的多样化、智能化、网络化显得尤为重要，需要大量从事技术创新、专注于研发创新和探索实践的人才。

2. 工程技术型岗位

PLC 编程技术需要依据各行业特点进行细化调整才能发挥最大的作用。在自动组装项目中，通过 PLC 实现对伺服机械手的精确定位以及力矩控制是难点；在锅炉的温度控制项目中，PLC 过程控制的 PID 参数直接影响了炉温的稳定性；面对客户的各种实际问题，作为技术型岗位人才，如何精准并快速地解决问题是难点。这需要既有大量行业生产经验、又熟悉 PLC 编程技术理论的复合型人才从事相关工作。

3. 技能型岗位

PLC 控制系统直接控制着现场车间的执行单元，安全保障工作同样是重中之重。由于 PLC 控制系统的复杂性，需要具备相关专业知识的人才对 PLC 及其周边设备进行定期的维护和保养，才能保证系统长期、稳定的运行。这要求相关技术人才具有分析问题和解决问题的能力，及时发现并解决潜在的问题，实现安全生产。

1.5.4 产教融合学习方法

产教融合学习方法参照国际上一种简单、易用的顶尖学习法——费曼学习法。费曼学习法由诺贝尔物理学奖得主、著名教育家理查德·费曼提出，其核心在于用自己的语言来记录或讲述要学习的概念，包括四个核心步骤：选择一个概念→讲授这个概念→查漏补缺→回顾并简化，如图 1.13 所示。

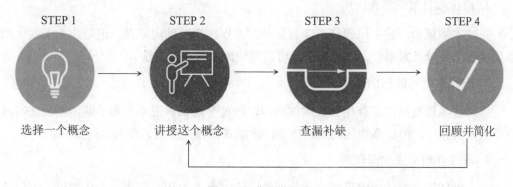

图 1.13 费曼学习法

20 世纪 60 年代，成立于美国缅因州贝瑟尔的国家培训实验室对学生在每种指导方法下学习 24 h 后的材料平均保持率进行了统计，图 1.14 所示为不同学习模式的学习效率图。

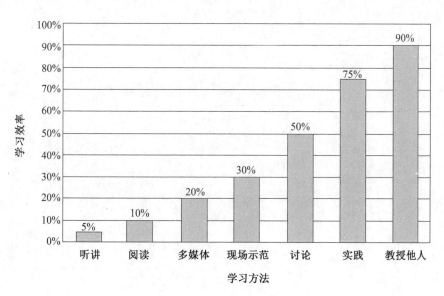

图 1.14 学习效率

从图 1.14 中可以看出，对于一种新知识，通过别人的讲解，只能获取 5%的知识；通过自身的阅读可以获取 10%的知识；通过多媒体等渠道的宣传可以掌握 20%的知识；通过现场实际的示范可以掌握 30%的知识；通过相互间的讨论可以掌握 50%的知识；通过实践可以掌握 75%的知识；最后达到能够教授他人的水平，就能够掌握 90%的知识。

在相关知识学习中，可以通过以下四个方面进行知识体系的梳理。

1. 注重理论与实践相结合

对于技术学习来说，实践是掌握技能的最好方式，理论对实践具有重要的指导意义，两者相结合才能既了解系统原理，又掌握技术应用。

2. 通过项目案例掌握应用

在技术领域中，相关原理往往非常复杂，难以在短时间内掌握，但是作为工程化的应用实践，其项目案例更为清晰明了，可以更快地掌握应用方法。

3. 进行系统化的归纳总结

任何技术的发展都是有相关技术体系的，通过个别案例很难全部了解，需要在实践中不断归纳总结，形成系统化的知识体系，才能掌握相关应用，学会举一反三。

4. 通过互相交流加深理解

个人对知识内容的理解可能存在片面性，通过多人的相互交流，合作探讨，可以碰撞出不一样的思路技巧，实现对技术的全面掌握。

第 2 章　PLC 产教应用系统

2.1　PLC 简介

2.1.1　PLC 介绍

❋ PLC 产教应用系统简介

西门子 PLC 系列产品种类多样，用户可进行灵活配置，如图 2.1 所示。小型自动化控制系统的控制器可以采用西门子 LOGO!系列、S7-200 SMART 系列和 S7-1200 系列；中型自动化控制系统可以选择 S7-300 系列或 S7-1500 系列；大型自动化控制系统可以选择 S7-400 系列或 S7-1500 系列。本书使用 S7-1200 系列 PLC 进行讲解。

图 2.1　西门子 PLC 系列产品

西门子 PLC 是采用"顺序扫描，不断循环"的方式进行工作的。在每次扫描过程中，还要完成对输入信号的采样和对输出状态的刷新等工作。PLC 的一个扫描周期必经输入采样、程序执行和输出刷新三个阶段，其工作方式如图 2.2 所示。

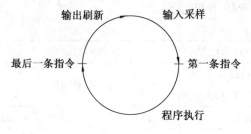

图 2.2　工作方式

2.1.2　PLC 基本组成

S7-1200 系列 PLC 主要由 CPU 模块、信号板、信号模块、通信模块组成，如图 2.3 所示。每块 CPU 内还可以安装信号板，如图 2.4 所示。各种模块安装在标准 DIN 导轨上，S7-1200 系列 PLC 的硬件组成具有高度的灵活性。

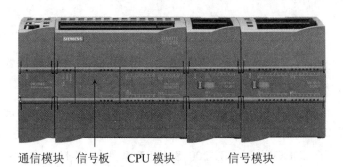

通信模块　信号板　　CPU 模块　　　　信号模块

图 2.3　S7-1200 PLC 及配套模块　　　　　　　　图 2.4　安装信号板

S7-1200 系列 PLC 现在有多种型号的模块，表 2.1 为部分模块的型号。其中"电源类型"分为供电电源、输入回路电源和输出回路电源，以"AC/DC/RLY"为例，其供电电源为 AC，输入回路电源为 DC，输出回路为继电器输出（RLY）。

表 2.1　模块的型号

模块名称	典型模块	电源类型	外形图
CPU 模块	CPU1211C	DC/DC/DC	
	CPU1212C	AC/DC/RLY	
	CPU1214C	DC/DC/RLY	
	CPU1215C		
	CPU1217C	DC/DC/DC	
通信模块	CM 1241 串口通信	DC	
	CM 1243-5 PROFIBUS DP 主站模块		
	CM 1242-5 PROFIBUS DP 从站模块		
	CP 1242-7 GPRS 模块		
信号模块	SM 1221 DI 8×24 V DC	DC	
	SM 1222 DQ 8×RLY	DC 或 AC	
	SM 1223 DI 8×24 V DC，DQ 8×RLY	DC 或 AC	
	SM 1231 AI 4×13 bit	±10 V，±5 V，±2.5 V 或 0～20 mA	
	SM 1232 AQ 2×14 bit	±10 V，0～20 mA	

续表 2.1

模块名称	典型模块	电源类型	外形图
信号板	SB 1221 DI 4×24 V DC，200 kHz	DC	
	SB 1222 DQ 4×24 V DC，200 kHz	DC	
	SB 1223 DI 2×24 V DC，DQ 2×24 V DC	DC	
	SB 1231 AI 1×12 bit	±10 V，±5 V，±2.5 V 或 0~20 mA	
	SB 1232 AQ 1×12 bit	±10 V，0~20 mA	

2.1.3　PLC 技术参数

　　本系统使用的 CPU 型号为 CPU 1214C DC/DC/DC，其外形与配线图如图 2.5 所示，该型号 PLC 拥有 14 路数字量输入、2 路模拟量输入和 10 路数字量输出。其供电电源、输入回路电源和输出回路电源均为 24 V 直流。

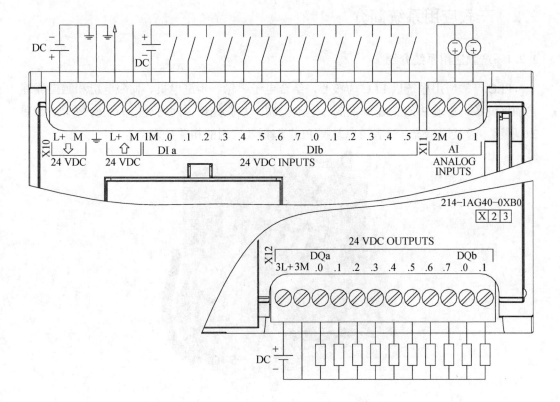

图 2.5　CPU 1214C DC/DC/DC 外形与配线图

PLC 主要技术参数见表 2.2。

表 2.2　PLC 主要技术参数

型号	CPU 1214C DC/DC/DC
用户存储	100 kB 工作存储器/4 MB 负载存储器，可用专用 SD 卡扩展/10 kB 保持性存储器
板载 I/O	14 路数字量输入/10 路数字量输出；2 路模拟量输入
过程映像大小	1 024 Byte 输入（I）/1 024 Byte 输出（Q）
高速计数器	共 6 个；单相：3 个 100 kHz 以及 3 个 30 kHz 的时钟频率；正交相位：3 个 80 kHz 以及 3 个 20 kHz 的时钟频率
脉冲输出	4 组脉冲发生器
脉冲捕捉输入	14 个
扩展能力	最多 8 个信号模块；最多 1 块信号板；最多 3 个通信模块
性能	布尔运算执行速度：0.08 μs/指令；移动字执行速度：1.7 μs/指令；实数数学运算执行速度：2.3 μs/指令
通信端口	1 个 10/100 Mbps 以太网端口
供电电源规格	电压范围：20.4～28.8 V DC；输入电流：24 V DC 时 500 mA

2.2　产教应用系统简介

2.2.1　产教应用系统介绍

PLC 产教应用系统以 PLC 为核心，结合电子手轮、步进电机、伺服电机和触摸屏等自动化设备，实现 PLC 的逻辑控制、运动控制、数据处理、网络通信的实验教学，如图 2.6 所示。通过该系统，读者可以掌握 PLC 编程及应用的相关技术。

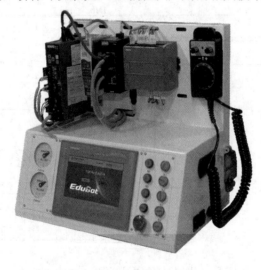

图 2.6　PLC 产教应用系统

PLC 产教应用系统可实现产业与教育的结合，让读者通过 6 个核心案例，学习 PLC 的编程技术，了解产业实际的使用方法。本系统机构设计紧凑，系统完全开放，程序完全开源，使教学、实验过程更加容易上手。

2.2.2　基本组成

PLC 产教应用系统是由 PLC、电子手轮、伺服系统、步进系统、触摸屏、按钮和指示灯等组成，如图 2.7 所示。

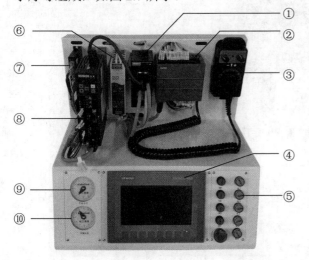

①	交换机
②	PLC
③	电子手轮
④	触摸屏
⑤	按钮和指示灯
⑥	开关电源
⑦	步进电机驱动器
⑧	伺服电机驱动器
⑨	步进电机
⑩	伺服电机

图 2.7　系统组成

2.2.3　产教典型应用

本产教应用系统有以下 6 个典型应用。

（1）基于逻辑控制的信号灯项目。

（2）基于 PROFINET 总线的通信项目。

（3）基于电子手轮的高速计数项目。

（4）基于步进运动控制的相对定位运动项目。

（5）基于伺服运动控制的相对定位运动项目。

（6）基于伺服运动控制的绝对定位运动项目。

2.3　关联硬件

2.3.1　电子手轮

❋ 系统硬件介绍

电子手轮即手摇脉冲发生器（Manual Pulse Generator，也称为手轮、手脉、手动脉波发生器等），用于教导式 CNC 机械工作原点设定、步进微调与中断插入等动作，另外在印刷机械上也广泛地使用电子手轮。电子手轮通常由轴选择开关（OFF、X、Y、Z、4）、倍率选择开关（×1、×10 和×100）、指示灯和编码器组成，如图 2.8 所示。

20

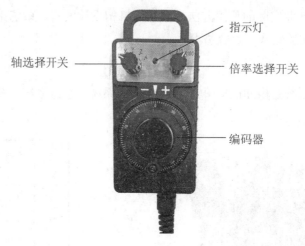

图 2.8　电子手轮

1. 脉冲发生原理

　　电子手轮的编码器通常为增量式编码器，主要由光源、码盘、检测光栅、光电检测器件和转换电路组成，如图 2.9 所示。

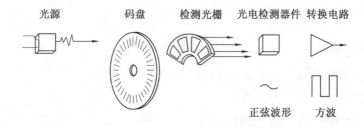

图 2.9　增量式编码器的内部结构

　　码盘上刻有节距相等的辐射状透光缝隙，相邻两个透光缝隙之间代表一个增量周期；检测光栅上刻有 A、B 两组与码盘相对应的透光缝隙，用以通过或阻挡光源和光电检测器件之间的光线。检测光栅的缝隙节距和码盘上的缝隙节距相等，并且两组透光缝隙错开 1/4 节距，使得光电检测器件输出的信号在相位上相差 90° 电度角。当码盘随着被测转轴转动时，检测光栅不动，光线透过码盘和检测光栅上的透过缝隙照射到光电检测器件上，光电检测器件就输出两组相位相差 90° 电度角的近似于正弦波的电信号，通过转换电路最终输出方波，如图 2.10 所示。

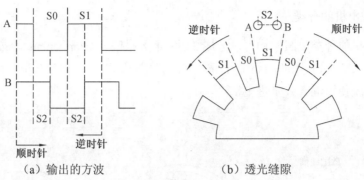

（a）输出的方波　　　　　　　（b）透光缝隙

图 2.10　输出的方波及透光缝隙

2. 接线说明

电子手轮的接线说明见表 2.3。

表 2.3　接线说明

序号	线颜色	说明	项目
1	红	24 V	编码器
2	黑	0 V	
3	绿	A	
4	白	B	
5	绿黑	+LED	LED 指示灯
6	白黑	−LED	
7	黄	X	轴选择
8	黄黑	Y	
9	棕	Z	
10	棕黑	4	
11	灰	×1	倍率
12	灰黑	×10	
13	橙	×100	
14	橙黑	COM	公共端

2.3.2　步进电机技术基础

步进电机是一种将电脉冲信号转变成相应的角位移或线位移的开环控制精密驱动元件。步进电机每相绕组不是恒定地通电，而是按照一定的规律轮流通电，需要专门的驱动器配合控制器完成作业。

1. 步进电机的分类

步进电机的种类依照结构可以分成 3 种：永久磁铁式（Permanent Magnet Type，PM）、可变磁阻式（Variable Reluctance Type，VR）和混合式（Hybrid Type，HB），如图 2.11 所示。本系统使用混合式步进电机。

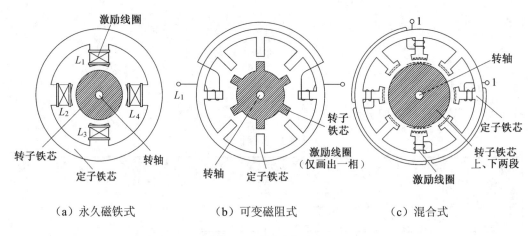

（a）永久磁铁式　　　（b）可变磁阻式　　　（c）混合式

图 2.11　步进电机分类

2. 步进电机的工作原理

步进电机的步进角为绕组每通电一次，转子就走一步的角度，其公式为

$$\theta_s = \frac{360°}{Z_r N}$$

式中，Z_r 为转子极对数（混合式步进电机的转子极对数=转子齿数）；N 为拍数，拍数是指定子绕组完成一个磁场周期性变化所需的通电状态切换次数，对于两相步进电机有四拍（整步）和八拍（半步）2 种。例如，一个两相步进电机，定子极数为 4，转子极对数为 1，该电机的通电状态切换次数为 4，即拍数为 4，转动原理如图 2.12 所示，则两相步进电机的步进角为

$$\frac{360°}{1 \times 4} = 90°$$

本系统使用两相四拍混合式步进电机，其转子齿数为 50，则步进角为

$$\frac{360°}{50 \times 4} = 1.8°$$

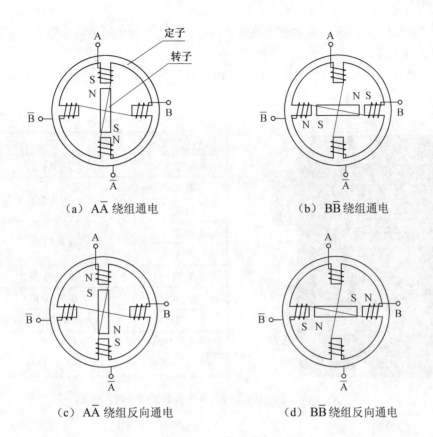

（a）A$\overline{\text{A}}$ 绕组通电　　　　　　　　（b）B$\overline{\text{B}}$ 绕组通电

（c）A$\overline{\text{A}}$ 绕组反向通电　　　　　　（d）B$\overline{\text{B}}$ 绕组反向通电

图 2.12　转动原理

3. 控制系统及其连线

控制器、步进电机和步进电机驱动器是步进电机运转必不可少的三要素，如图 2.13 所示。控制器又称为脉冲产生器，目前主要有 PLC、单片机、运动板卡等。

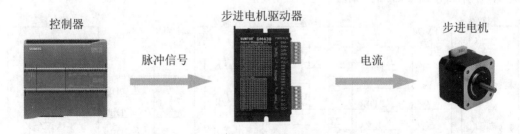

图 2.13　运转三要素

（1）步进电机驱动器。

本系统使用 DM430 细分型两相混合式步进电机驱动器，电流设定范围为 0.1～3.0 A，细分设定范围为 200～20 000，控制信号（脉冲、方向和使能）的电流范围为 6～30 mA，控制信号的电压范围为 4.5～28 V。DM430 还拥有 8 个拨码开关，其中 SW1～SW4 为电流拨码开关，SW5～SW8 为驱动器上的细分拨码开关。步进电机驱动器的外形及其接口说明如图 2.14 所示。

步进电机的细分技术实质上是一种电子阻尼技术，其主要目的是减弱或消除步进电机的低频振动，提高电机的运转精度。

接口	说明
ENA-/ENA+	使能信号
DIR-	方向信号，用于改变电机转向
DIR+	
PUL-	脉冲信号
PUL+	
B-/B+	电机 B 相
A-/A+	电机 A 相
DC-/DC+	驱动器电源 DC 24 V
SW1～SW4	电流设置
SW5～SW8	细分设置

图 2.14　步进电机驱动器外形及其接口说明

（2）连线说明。

步进电机驱动器与控制器有 2 种连接方法，如图 2.15 所示。控制器的输出为低电平（0 V）时，使用共阳极接法，即驱动器 PUL+、DIR+、ENA+ 作为驱动器公共端接 24 V；当控制器的输出为高电平（24 V）时，使用共阴极接法，即驱动器 PUL-、DIR-、ENA- 作为驱动器公共端接 0 V。由于控制信号的电流范围为 6～30 mA，需要在电路中串联电阻 R，本系统使用 2 kΩ 的电阻。

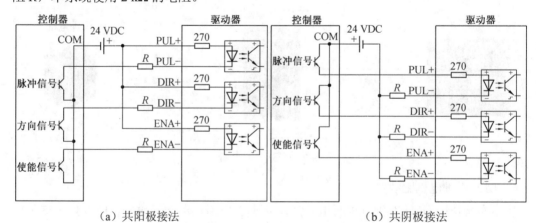

（a）共阳极接法　　　（b）共阴极接法

图 2.15　连接方法

2.3.3　伺服电机技术基础

伺服来自英文单词"servo"，指系统跟随外部指令，按照所期望的位置、速度和力矩进行精确运动。目前工业中广泛应用的是交流伺服系统，主要用于对调速范围、定位精度、稳速精度、动态响应和运行稳定性等方面有特殊要求的场合。在交流伺服系统中，永磁同步电机以其优良的低速性能、动态特性和运行效率，在高精度、高动态响应的场合已经成为伺服系统的主流之选。

SINAMICS V90 是西门子推出的一款小型、高效便捷的伺服系统。SINAMICS V90 驱动器与 SIMOTICS S-1FL6 电机组成的伺服系统是面向标准通用伺服市场的驱动产品，覆盖 0.05～7 kW 功率范围。

本系统使用 SINAMICS V90 PROFINET (PN)版本，该设备有 2 个 RJ45 接口用于与 PLC 的 PROFINET 通信连接。

1. 伺服电机控制系统组成

SINAMICS V90 PN 伺服驱动由三个控制环组成，伺服电机的伺服控制系统如图 2.16 所示。

（1）电流环。

系统内部根据已知的电机绕组数据等信息自动计算电流环增益。

（2）速度环。

速度环为 PI（比例积分）调节器，速度环增益直接影响速度环的动态响应，通过将积分分量加入速度环以提高系统抗干扰特性，消除速度的稳态误差。

（3）位置环。

位置环为 P（比例）调节器，位置环增益直接影响位置环的动态响应，增益设置不合适会导致定位过冲或跟随误差过大，可以通过增加合适的速度环反馈以大幅度降低跟随误差。

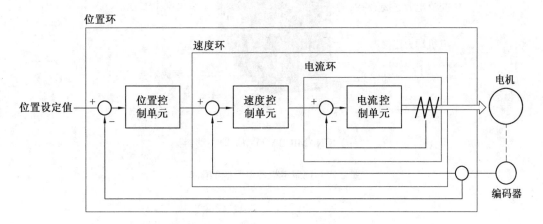

图 2.16　伺服电机的伺服控制系统

电机的检测元件最常用的是旋转式光电编码器，一般安装在电机轴的后端部，用于通过检测脉冲来计算电机的转速和位置。

2. 伺服电机控制系统的连接

伺服电机控制系统的连接包括电源连接、伺服电机连接、输入输出信号连接。其配线如图 2.17 所示，系统连接图如图 2.18 所示。伺服驱动器的使用可参阅具体产品的使用手册。

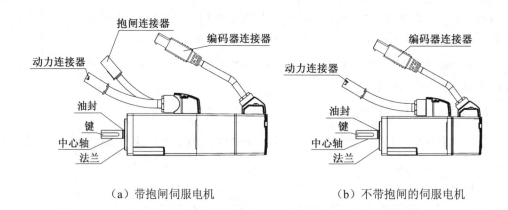

（a）带抱闸伺服电机　　　　　　　（b）不带抱闸的伺服电机

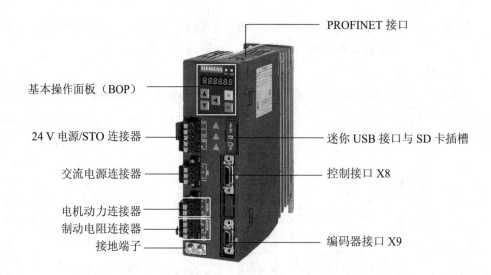

（c）SINAMICS V90 型伺服驱动器

图 2.17　伺服电机控制系统的配线

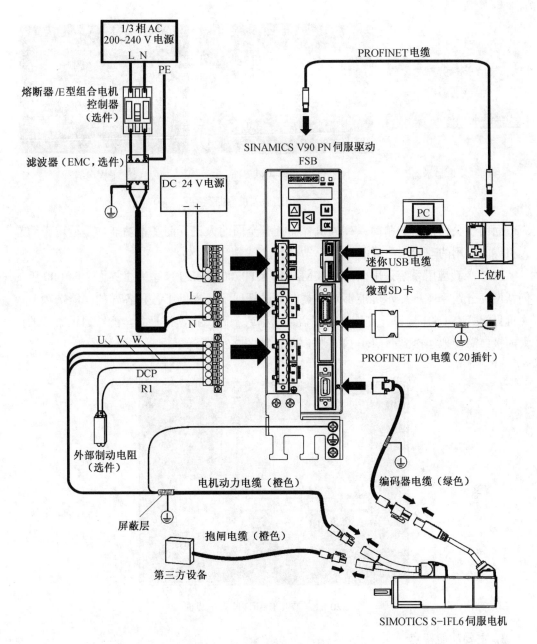

图 2.18　伺服电机控制系统的连接图

2.3.4　触摸屏技术基础

人机界面（Human Machine Interaction，HMI），又称触摸屏，是人与设备之间传递、交换信息的媒介和对话接口。在工业自动化领域，各个厂家提供了种类、型号丰富的 HMI 产品供选择。根据功能的不同，工业人机界面习惯上被分为文本显示器、触摸屏人机界面和平板电脑三大类，如图 2.19 所示。

28

 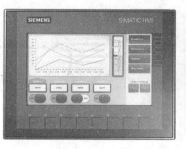 

　　（a）文本显示器　　　　　（b）触摸屏人机界面　　　　　（c）平板电脑

图 2.19　常用工业人机界面类型

　　西门子公司推出的精简系列人机界面拥有全面的人机界面基本功能，是适用于简易人机界面应用的理想入门级面板。

　　PLC 产教应用系统采用西门子 SIMATIC KTP700 Basic PN 型人机界面，64 000 色的创新型高分辨率宽屏显示屏能够对各类图形进行展示，提供了各种各样的功能选项。该人机界面具有 USB 接口，支持连接键盘、鼠标或条码扫描器等设备，能够通过集成的以太网接口简便地连接到西门子 PLC 控制器，如图 2.20 所示。

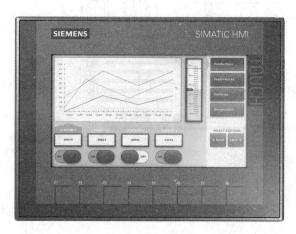

图 2.20　KTP700 Basic PN 人机界面

1. 主要功能特点

西门子 KTP700 Basic PN 型人机界面具有以下功能特点。

　　（1）全集成自动化（TIA）的组成部分，缩短组态和调试时间，采用免维护的设计，维修方便。

　　（2）具有输入/输出字段、矢量图形、趋势曲线、条形图、文本和位图等要素，可以简单、轻松地显示过程值。

　　（3）使用 USB 端口，可灵活连接 U 盘、键盘、鼠标或条码扫描器。

　　（4）拥有图片库，带有现成的图形对象。

（5）可组态 32 种语言，在线模式下可在多达 10 种语言间切换。

2. 主要技术参数

西门子 KTP700 Basic PN 型人机界面的主要规格参数见表 2.4。

表 2.4　KTP700 Basic PN 型人机界面的主要规格参数

型号	KTP700 Basic PN
显示尺寸	7 寸 TFT 真彩液晶屏，64 000 色
分辨率	800×480
可编程按键	8 个可编程功能按键
存储空间	用户内存 10 MB，配方内存 256 kB，具有报警缓冲区
功能	画面数：100 个；变量：800 个；配方：50 个，支持矢量图、棒图、归档；报警数量/报警类别：1 000/32
接口	PROFINET（以太网），主 USB 口
供电电源规格	额定电压：24 V DC；电压范围：19.2～28.8 V DC；输入电流：24 V DC 时 230 mA

第 3 章　PLC 系统编程基础

TIA 博途（Portal）是西门子自动化的全新工程设计软件平台，它将所有自动化软件工具集成在统一的开发环境中，是世界上第一款将所有自动化任务整合在一个工程设计环境下的软件。

3.1　编程软件简介及安装

3.1.1　编程软件介绍

※ 编程软件简介

本书使用的编程软件版本为 TIA Portal V15.1，主要包含 STEP 7（PLC 编程）、WinCC（人机界面）、S7-PLCSIM（仿真）、Startdrive（变频器和电机调试工具）等组件。V15.1 版本的 STEP 7 和 WinCC 安装包合并为一个，根据 WinCC 版本不同分为 2 种安装包，分别为 STEP 7 Professional & WinCC Advanced 和 STEP 7 Professional & WinCC Professional，根据序列号的不同决定具体组件，组件的区别见表 3.1。

表 3.1　组件的区别

版本	STEP 7 Professional & WinCC Advanced	STEP 7 Professional & WinCC Professional
组件	STEP 7 Basic STEP 7 Professional WinCC Basic WinCC Comfort WinCC Advanced	STEP 7 Basic STEP 7 Professional WinCC Basic WinCC Comfort WinCC Advanced WinCC Professional

STEP7 组件有两个版本，分别是 STEP 7 Basic 和 STEP 7 Professional。其中 STEP 7 Basic 只能用于对 S7-1200 进行编程，而 STEP 7 Professional 不但可以对 S7-1200 进行编程，还可以对 S7-300/400 和 S7-1500 进行编程。

WinCC 组件分为组态（RC）和运行（RT）两个系列。RC 系列有 4 种版本，分别是 WinCC Basic、WinCC Comfort、WinCC Advanced 和 WinCC Professional；RT 系列有 2 种版本，分别是 WinCC Runtime Advanced 和 WinCC Runtime Professional。RC 系列各版本的区别见表 3.2。

表 3.2　**WinCC RC 系列各版本的区别**

版本	可组态的对象
WinCC Basic	只针对精简系列面板
WinCC Comfort	精简系列面板、精智系列面板、移动面板
WinCC Advanced	全部面板、单机 PC 以及基于 PC 的 "WinCC Runtime Advanced"
WinCC Professional	全部面板、单机 PC、C/S 和 B/S 架构的人机系统，以及基于 PC 的运行系统 "WinCC Runtime Professional"

3.1.2　编程软件安装

1. 计算机配置

安装 TIA Portal V15.1 版本编程软件的推荐计算机硬件配置如下：

➢ 处理器主频 3.4 GHz 或更高（最小 2.3 GHz）。

➢ 内存 16 GB 或更大（最小 8 GB）。

➢ SSD 硬盘至少有 50 GB 可用空间。

➢ 15.6 英寸全高清显示屏（1 920×1 080 或更高）。

编程软件要求计算机操作系统为 64 位操作系统，具体操作系统见表 3.3，不支持 Windows 8.1 和 Windows XP。

表 3.3　**具体操作系统**

版本	64 位系统
Basic 版本	Windows 7 SP1 家庭进阶版（Home Premium） Windows 10 家庭版
非 Basic 版本	Windows 7 SP1（非家庭版） Windows 10（非家庭版） Windows Server

2. 安装步骤

下面介绍 TIA Portal V15.1 组件 STEP 7 Professional & WinCC Advanced 的安装，具体安装步骤见表 3.4，其他部件的安装步骤可自行参阅相关手册和书籍。

注：安装前需确认已安装.NET Framework。

表 3.4　安装步骤

序号	图片示例	操作步骤
1	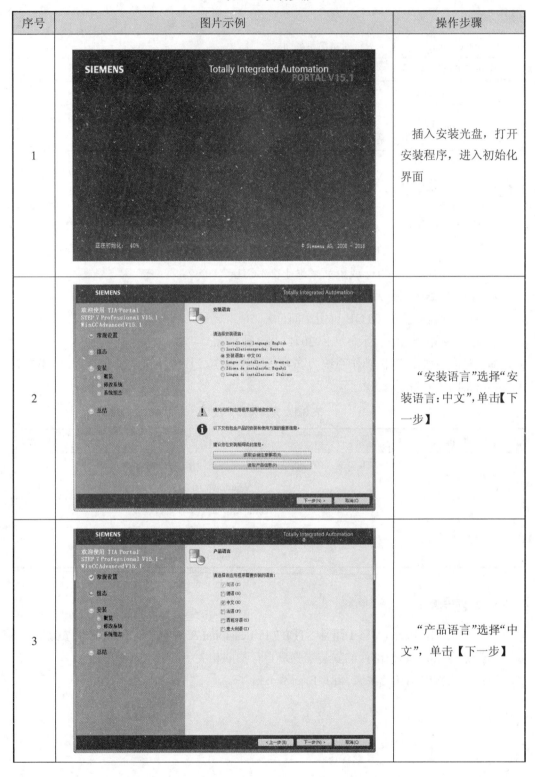	插入安装光盘，打开安装程序，进入初始化界面
2		"安装语言"选择"安装语言:中文"，单击【下一步】
3		"产品语言"选择"中文"，单击【下一步】

续表 3.4

序号	图片示例	操作步骤
4	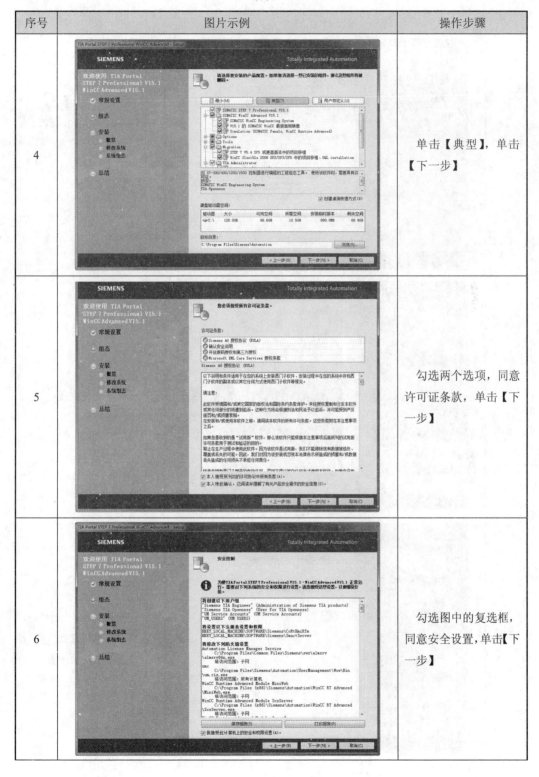	单击【典型】，单击【下一步】
5		勾选两个选项，同意许可证条款，单击【下一步】
6		勾选图中的复选框，同意安全设置，单击【下一步】

续表 3.4

序号	图片示例	操作步骤
7	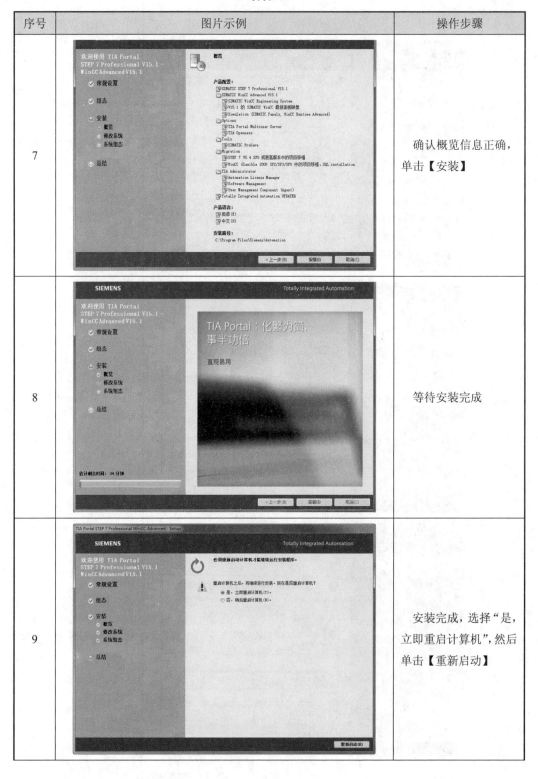	确认概览信息正确，单击【安装】
8		等待安装完成
9		安装完成，选择"是，立即重启计算机"，然后单击【重新启动】

续表 3.4

序号	图片示例	操作步骤
10	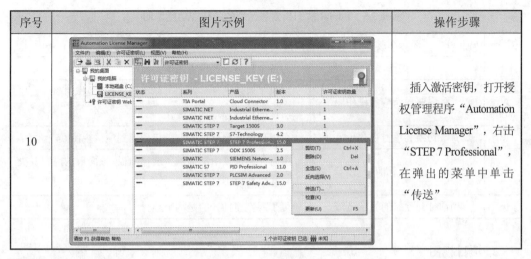	插入激活密钥,打开授权管理程序"Automation License Manager",右击"STEP 7 Professional",在弹出的菜单中单击"传送"

3.2　软件使用

3.2.1　主界面

TIA 编程软件在自动化项目中可以使用两种不同的视图,即 Portal 视图和项目视图。Portal 视图是面向任务的视图,而项目视图是项目各组件的视图。可以使用链接在两种视图间进行切换。

1. Portal 视图

Portal 视图提供了面向任务的视图,可以快速确定要执行的操作或任务,有些情况下该界面会针对所选任务自动切换为项目视图。当打开编程软件后,可以打开 Portal 视图界面,界面中包括如图 3.1 所示的区域。

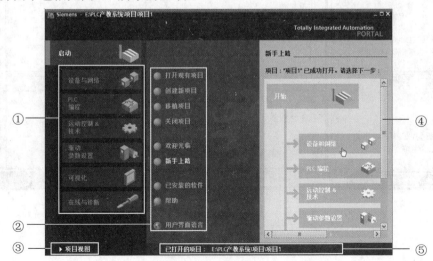

图 3.1　Portal 视图界面

Portal 视图界面各区域的名称和功能说明见表 3.5。

表 3.5　Portal 视图界面各区域的名称和功能说明

序号	区域名称	功能说明
①	任务选项	为各个任务区提供了基本功能
②	任务选项对应的操作	提供了对所选任务选项可使用的操作。操作的内容会根据所选的任务选项动态变化
③	切换到项目视图	可以使用"项目视图"链接切换到项目视图
④	操作选择面板	所有任务选项中都提供了选择面板，该面板的内容取决于当前的选择
⑤	当前打开项目的显示区域	可了解当前打开的是哪个项目

2. 项目视图

项目视图是项目所有组件的结构化视图，其界面如图 3.2 所示。

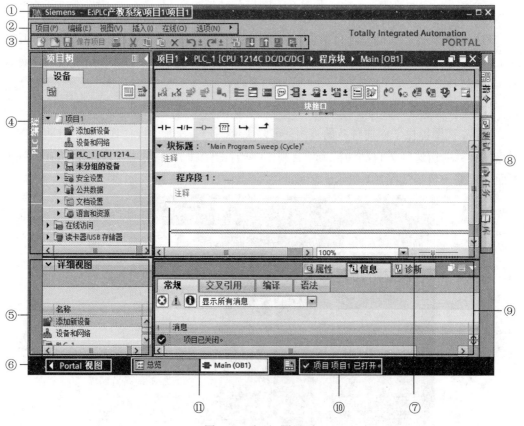

图 3.2　项目视图界面

项目视图界面各区域的名称和功能说明见表 3.6。

表 3.6 项目视图界面各区域的名称和功能说明

序号	区域名称	功能说明
①	标题栏	显示项目名称和路径
②	菜单栏	包含工作所需的全部命令
③	工具栏	提供了常用命令的按钮,如上传、下载等功能。通过工具栏图标可以更快地访问这些命令
④	项目树	使用项目树功能可以访问所有组件和项目数据。可在项目树中执行以下任务: (1) 添加新组件; (2) 编辑现有组件; (3) 扫描和修改现有组件的属性
⑤	详细视图	显示总览窗口或项目树中所选对象的特定内容,其中可以包含文本列表或变量,但不显示文件夹的内容。要显示文件夹的内容,可使用项目树或巡视窗口
⑥	切换到 Portal 视图	切换到 Portal 视图
⑦	工作区	显示进行编辑而打开的对象。这些对象包括编辑器和视图或者表格等。如果没有打开任何对象,则工作区是空的
⑧	任务卡	根据所编辑对象或所选对象,提供了用于执行操作的任务卡。这些操作包括: (1) 从库中或者从硬件目录中选择对象; (2) 在项目中搜索和替换对象; (3) 将预定义的对象拖入工作区
⑨	巡视窗口	具有三个选项卡:属性、信息和诊断。 (1) 属性:显示所选对象的属性; (2) 信息:显示所选对象的附加信息; (3) 诊断:提供有关诊断信息
⑩	带有进度显示的状态栏	显示正在后台运行任务的进度条,描述正在后台运行的其他信息。如果没有后台任务,还可以显示最新的错误信息
⑪	编辑器栏	显示已打开的编辑器。如果已打开多个编辑器,可以使用编辑器栏在打开的对象之间进行快速切换

3.2.2 菜单栏

在项目视图中的菜单栏位于窗口标题下方,如图 3.3 所示,不仅可以完成项目的新建、打开、关闭、归档、恢复、移植等操作,还有帮助系统、撤销功能以及软件的升级功能。

由于菜单栏功能众多，下面介绍一些常用功能，读者可以通过相关手册了解菜单栏的其他功能。

图 3.3　菜单栏

1. 项目新建、打开与关闭

在项目视图中执行"项目"→"新建"命令，可以新建项目，如图 3.4 所示；在项目视图中执行"项目"→"打开"命令，可以打开项目，如图 3.5 所示；在项目视图中执行"项目"→"关闭"命令，可以关闭当前打开的项目，如图 3.6 所示。

 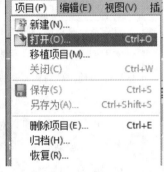 

　　　图 3.4　新建项目　　　　　　图 3.5　打开项目　　　　　　图 3.6　关闭项目

2. 归档与恢复

该款编程软件可通过归档与恢复功能实现对项目文件的压缩和解压缩功能。PLC 项目由相应目录下的多个文件组成，不利于项目的复制和存档。软件提供了压缩功能，可以将一个项目压缩为一个文件。在项目视图中执行"项目"→"归档"命令，如图 3.7 所示，在弹出的"归档"对话框中输入压缩文件的名称并选择存放的路径后保存，即可完成文件的压缩，如图 3.8 所示。

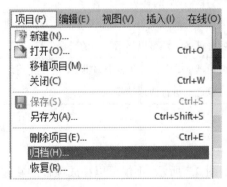 

　　　　　图 3.7　项目的归档　　　　　　　　　图 3.8　"归档"对话框

解压缩的过程与压缩过程相反。在项目视图中执行"项目"→"恢复"命令，如图 3.9 所示，在弹出的"恢复"对话框中选择一个已经压缩好的项目文件，如图 3.10 所示，单击【打开】按钮后，即可完成文件的解压缩。

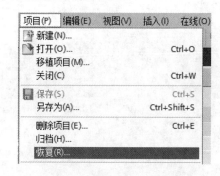

图 3.9　项目的恢复

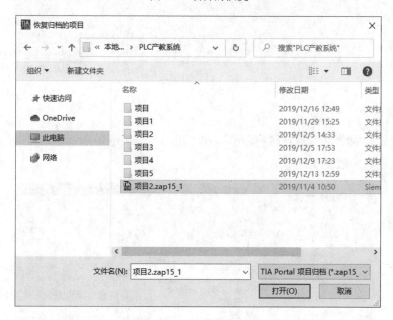

图 3.10　"恢复"对话框

这种解压缩的功能除了便于项目的复制和存档以外，还起到了项目重组的作用。这是一个更为实用的功能。项目中的错误和一些与当前软件安装包不匹配的信息会通过这种方式得到清楚的提示。

3. 下载到设备

完成编程后，需要将项目下载到设备，可在项目视图的菜单栏中单击"在线"→"下载到设备"，在弹出的对话框（图 3.11）中搜索 PLC 设备，单击【下载】按钮，即可完成项目的下载。

注： 下载前会自动编译。

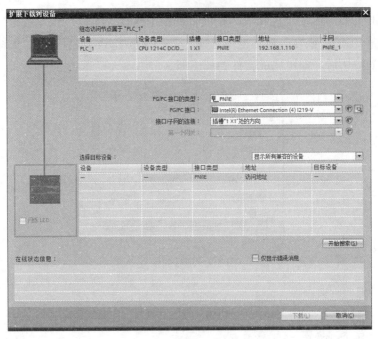

图 3.11 对话框

4. 系统帮助

在编程软件的学习中遇到问题，可以在"帮助"菜单中单击"显示帮助"，选择并打开帮助信息系统，如图 3.12 所示。

图 3.12 帮助信息系统

在编程软件中，对按钮、选项、指令、控件、配置参数等元素都可以自由方便地调出帮助信息。当需要调出帮助信息时，将光标悬停在相应的元素上，软件会弹出简要信息，该信息会用一句话解释该元素的功能，如图 3.13 所示。如果光标继续静止或者单击这句简要信息，会有更加详细的解释，如图 3.14 所示。在这个解释中，单击其中的超链接，软件将打开帮助系统窗口，给予完整的解释。

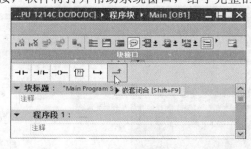
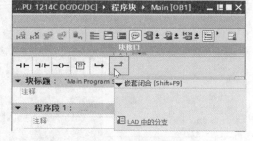

图 3.13　悬停提示　　　　　　　　　图 3.14　详细的解释

3.2.3　工具栏

在项目视图中的工具栏位于菜单栏下方，如图 3.15 所示。通过操作工具栏的命令按钮不仅可以完成项目的创建、打开、保存、打印、编译、下载、上传等操作，还能够实现内容搜索、撤销以及在线监视等功能。工具栏中所有的命令按钮见表 3.7。

图 3.15　工具栏

表 3.7　工具栏中所有的命令按钮

序号	命令按钮	说明	序号	命令按钮	说明
1		新建项目	13		从设备中上传（需在在线模式下使用）
2		打开项目	14		启动仿真（必须安装 PLCSIM）
3	保存项目	保存项目	15		从 PC 上启动运行系统
4		打印	16	转至在线	转至在线
5		剪切	17	转至离线	转至离线
6		复制	18		可访问的设备（检索可访问的设备）
7		粘贴	19		启动 CPU
8		删除	20		停止 CPU
9		撤销	21		交叉引用
10		重做	22		水平拆分编辑器空间
11		编译（编程后进行编译）	23		垂直拆分编辑器空间
12		下载到设备（先自动编译再下载）	24	在项目搜索	在项目中搜索

3.2.4 常用窗口

1. 项目树

在项目视图左侧项目树界面中主要包括如下区域，如图 3.16 所示。

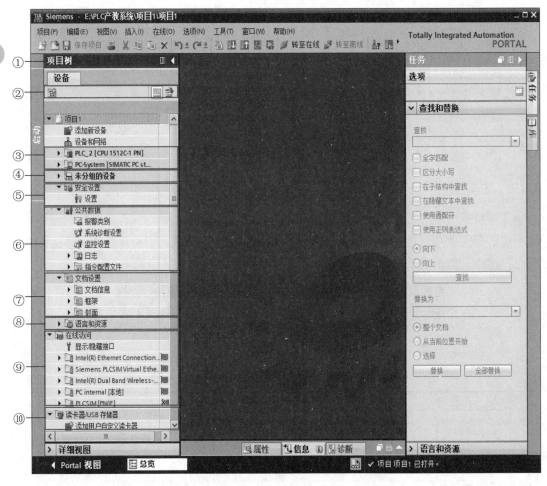

图 3.16 项目树

项目树中各区域名称与功能说明见表 3.8，其中③～⑩可以合并在一起，称为项目文件夹。

表 3.8　项目树中各区域名称与功能说明

序号	区域名称	功能说明
①	标题栏	可以实现自动 ▥ 和手动 ◀ 折叠项目树
②	工具栏	可以在项目树的工具栏中执行以下任务： （1）创建新的用户文件夹 ▤； （2）显示/隐藏列标题 ▥； （3）在工作区中显示所选对象的总览 ▦
③	设备文件夹	项目中的每个设备都有一个单独的文件夹，包含该设备的各类信息，如程序、硬件组态和变量等信息
④	未分组的设备	包含项目中的所有分布式 I/O 设备
⑤	安全设置	通过激活项目的用户管理，实施项目保护
⑥	公共数据	包含可跨多个设备使用的数据，如日志、报警设置等
⑦	文档设置	可以指定要在以后打印的项目文档的布局
⑧	语言和资源	查看或者修改项目语言和文本
⑨	在线访问	包含了所有的 PG/PC 接口（编程器接口/计算机通信接口）
⑩	读卡器/USB 存储器	用于管理所有连接到 PG/PC 的读卡器和其他 USB 存储介质

2. 指令栏

　　编程软件的所有指令都放置在窗口右侧的指令栏中，如图 3.17 所示。编写程序时，只需要将指令拖入编辑窗口。

图 3.17　指令栏

3. 添加新设备

项目视图是 TIA 博途硬件组态和编程的主视窗，在项目树的设备栏中双击"添加新设备"标签栏，然后弹出"添加新设备"对话框，如图 3.18 所示。

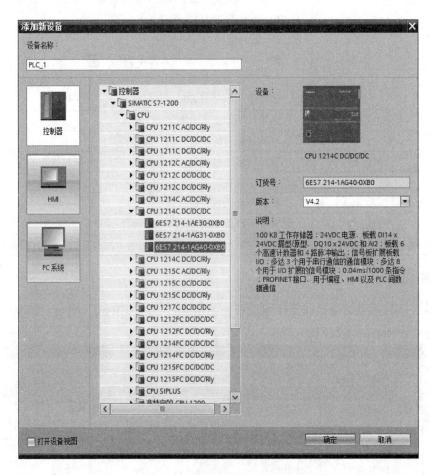

图 3.18 "添加新设备"对话框

根据实际需要选择相应的设备，设备包括"控制器"，"HMI"以及"PC 系统"，本例中选择"控制器"，然后打开分级菜单选择需要的 PLC，这里选择"CPU 1214C DC/DC/DC"中的"6ES7 214-1AG40-0XB0"，设备名称为默认的"PLC_1"，也可以对其进行修改。CPU 的固件版本可以根据实际的版本进行选择。

4. 编程窗口

打开程序块后，可以进入编程窗口，如图 3.19 所示。在编程窗口下，可以添加指令完成程序编辑。部分指令位于窗口中的指令收藏栏中，以方便快速添加。

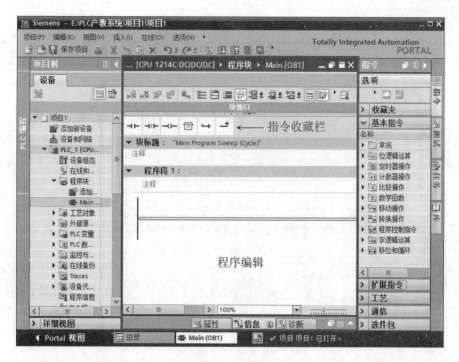

图 3.19　编程窗口

3.3　编程语言

3.3.1　语言介绍

1. PLC 编程语言的国际标准

IEC 61131 是 IEC（国际电工委员会）制定的 PLC 标准，其中的第三部分 IEC 61131-3 是 PLC 的编程语言标准。IEC61131-3 是世界上第一个，也是至今为止唯一的工业控制系统的编程语言标准，共有 5 种编程语言，分别是：

（1）指令表（Instruction List，IL）。

（2）结构文本（Structured Text，ST）。

（3）梯形图（Ladder Degen，LD）。

（4）函数块图（Function Block Diagram，FBD）。

（5）顺序功能图（Sequential Function Chat，SFC）。

2. 西门子的编程语言

S7-1200 系列 PLC 可使用梯形图 LAD、函数块图 FBD、结构化控制语言 SCL 这 3 种编程语言。这 3 种语言可实现相同的功能，其语言示例见表 3.9。本书只使用 LAD 语言。

※ 编程基础

45

表 3.9　语言示例

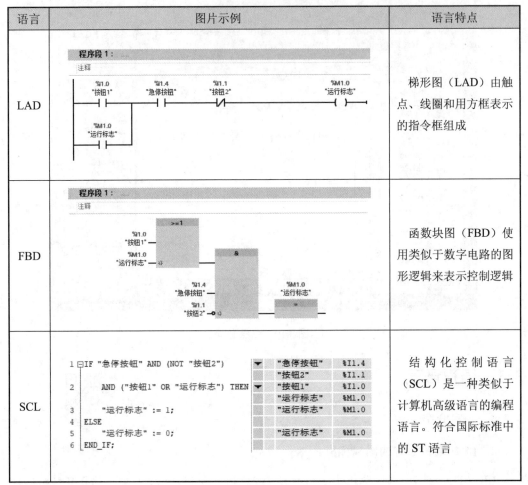

语言	图片示例	语言特点
LAD	程序段 1：... 注释	梯形图（LAD）由触点、线圈和用方框表示的指令框组成
FBD	程序段 1：... 注释	函数块图（FBD）使用类似于数字电路的图形逻辑来表示控制逻辑
SCL	1 IF "急停按钮" AND (NOT "按钮2") 2　AND ("按钮1" OR "运行标志") THEN 3　"运行标志" := 1; 4 ELSE 5　"运行标志" := 0; 6 END_IF;	结构化控制语言（SCL）是一种类似于计算机高级语言的编程语言。符合国际标准中的 ST 语言

3.3.2　数据类型

1. 数据类型的分类

PLC 中的数据类型主要分为以下几类：

➢ 基本数据类型（位数据、整数、浮点数、定时器、日期与时间、字符型）。

➢ 复杂数据类型（DT、LDT、DTL、STRING、WSTRING、ARRAY、STRUCT）。

➢ 用户自定义数据类型（PLC 数据类型（UDT））。

➢ 指针。

➢ 参数类型。

➢ 系统数据类型。

➢ 硬件数据类型。

本书主要介绍 S7-1200 系列 PLC 支持的常用基本数据类型，见表 3.10。

表 3.10　常用基本数据类型

分类	类型	长度/bit	取值范围	说明
位数据	BOOL	1	TRUE 或 FALSE（1 或 0）	布尔变量
	BYTE	8	B#16#0～B#16FF	字节
	WORD	16	W#16#0～W#16FFFF	字（双字节）
	DWORD	32	DW#16#0～DW#16FFFF_FFFF	双字（四字节）
整形	INT	16	−32 768～32 768	16 位有符号整形
	DINT	32	−L#2 147 483 648～L#2 147 483 648	32 位有符号整形
浮点数	REAL	32	−3.402 823E38～−1.175 495E-38 ±0.0 1.175 495E-38～3.402 823E38	32 位浮点数
定时器	TIME	32	T#−24d20h31m23s648ms～ T#+24d20h31m23s648ms	定时时间
日期与时间	DATE	16	D#1990-01-01～D#2169-06-06	日期
字符型	CHAR	8	ASCII 字符集（如'A'）	字符
	WCHAR	16	Unicode 字符集$0000～$D7FF	宽字符

2. 数据存储区

西门子 S7-1200 系列 PLC 的 CPU 提供了多个存储区，用于在执行用户程序期间存储数据，常用的有过程映像输入区、过程映像输出区、位存储器区和数据块区，存储器单元的几种常见绝对地址寻址方式，见表 3.11。

表 3.11　常见绝对地址寻址方式

类型	BOOL	BYTE	WORD	DWORD
过程映像输入区	I0.0	IB0	IW0	ID0
过程映像输出区	Q0.0	QB0	QW0	QD0
位存储器区	M0.0	MB0	MW0	MD0
数据块区	DBX0.0	DBB0	DBW0	DBD0

西门子 PLC 的数据存储方式有"高位低存"的特点，如图 3.20 所示，即一个数据中最高有效字节的部分存储到字节号最小的位存储器。

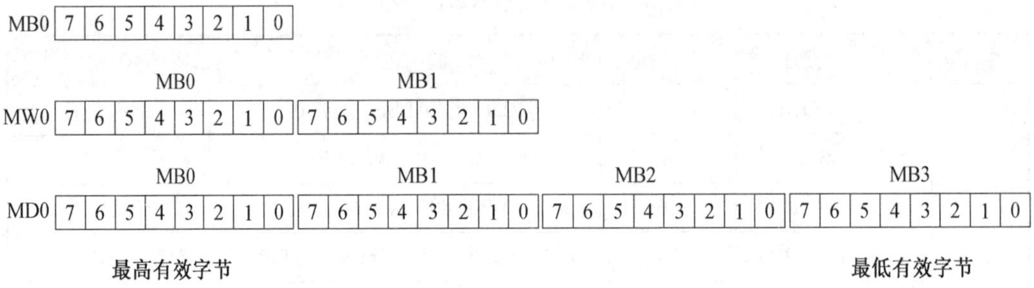

MB0 | 7 | 6 | 5 | 4 | 3 | 2 | 1 | 0 |

         MB0   MB1

MW0 | 7 6 5 4 3 2 1 0 | 7 6 5 4 3 2 1 0 |

     MB0   MB1   MB2   MB3

MD0 | 7 6 5 4 3 2 1 0 | 7 6 5 4 3 2 1 0 | 7 6 5 4 3 2 1 0 | 7 6 5 4 3 2 1 0 |

最高有效字节   最低有效字节

图 3.20　数据存储方式

以将 127（2#0111_1111）赋值给 MW0 为例，其中 MW0 是由 MB0、MB1 组成，MD0 是由 MB0、MB1、MB2、MB3（由高字节到低字节）组成。MB0、MW0、MD0 各个位数据如图 3.21 所示，即 MB1=127。

地址	显示格式	监视值
%MB0	二进制	2#0000_0000
%MW0	二进制	2#0000_0000_0111_1111
%MD0	二进制	2#0000_0000_0111_1111_0000_0000_0000_0000

图 3.21　数据示例

3.3.3　常用指令

1. 位逻辑运算

位逻辑指令用于二进制数的逻辑运算。位逻辑运算的结果简称 RLO。位逻辑指令主要有触点指令、置位指令、复位指令、线圈指令等，常用位逻辑指令见表 3.12。

表 3.12　常用位逻辑指令

符号	名称	说　明
─┤├─	常开触点	当操作数的信号状态为"1"时，常开触点将闭合； 当操作数的信号状态为"0"时，常开触点保持断开状态
─┤/├─	常闭触点	当操作数的信号状态为"1"时，常闭触点将断开； 当操作数的信号状态为"0"时，常闭触点保持闭合状态
─┤├─	赋值	如果线圈输入的逻辑运算结果（RLO）的信号状态为"1"，则将指定操作数的信号状态置位为"1"。如果线圈输入的信号状态为"0"，则指定操作数的信号状态将复位为"0"
─(R)─	复位指令	将指定操作数的信号状态复位为"0"
─(S)─	置位指令	将指定操作数的信号状态置位为"1"

48

2. 定时器操作

西门子 PLC 有 SIMATIC 定时器和 IEC 定时器两种定时器，其中 S7-1200 系列 PLC 只支持 IEC 定时器。本书主要介绍 IEC 定时器指令。

IEC 定时器分为脉冲定时器（TP）、通电延时定时器（TON）、时间累加器（TONR）和断电延时定时器（TOF）。

注：只有在 IEC 定时器指令的 Q 点或 ET 连接变量，或者在程序中使用背景 DB（或 IEC 定时器类型的变量）中的 Q 点或者 ET，定时器才会开始计时。

（1）脉冲定时器（TP）。

脉冲定时器指令用于在预设的时间内置位输出脉冲信号，该指令的参数说明见表 3.13。当输入 IN 的逻辑运算结果（RLO）从 "0" 变为 "1"（信号上升沿）时，启动该指令；指令启动后，输出 Q 被立即置位并在定时时间 PT 内保持置位状态。

注：如果当前计时时间未到达定时时间 PT，即使检测到新的输入信号上升沿，输出 Q 的信号状态也不会受到影响。

表 3.13　脉冲定时器指令的参数说明

LAD	参数	数据类型	说　　明
TP Time IN　　Q PT　　ET	IN	BOOL	启动定时器
	Q	BOOL	脉冲输出
	PT	Time	定时时间
	ET	Time	当前时间值

脉冲定时器指令的时序图如图 3.22 所示。

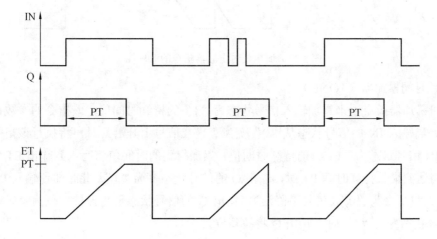

图 3.22　脉冲定时器指令的时序图

（2）通电延时定时器（TON）。

通电延时定时器指令用于延时一段时间后输出信号，该指令的参数说明见表 3.14。当输入 IN 的逻辑运算结果（RLO）从 "0" 变为 "1"（信号上升沿）时，启动该指令；指令启动后，立即开始计时；当计时时间达到定时时间 PT 之后，输出 Q 的信号状态将变为 "1"。

注：通电延时定时器（TON）输入 IN 状态为 "1" 的时间必须超过定时时间 PT。

表 3.14　通电延时定时器指令的参数说明

LAD	参数	数据类型	说明
TON Time IN Q PT ET	IN	BOOL	启动定时器
	Q	BOOL	超过时间 PT 后，置位的输出
	PT	Time	定时时间
	ET	Time	当前时间值

通电延时定时器指令的时序图如图 3.23 所示。

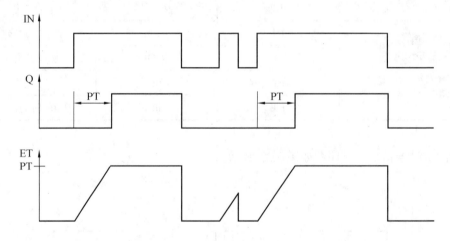

图 3.23　通电延时定时器指令的时序图

（3）时间累加器（TONR）。

时间累加器指令用来累加输入信号状态为 "1" 的持续时间值，该指令的参数说明见表 3.15。当输入 IN 的信号状态从 "0" 变为 "1"（信号上升沿）时，将执行该指令，累加输入 IN 信号状态为 "1" 时的持续时间值，累加得到的时间值将写入到输出 ET 中；当累计时间达到最长持续时间 PT 时，输出 Q 的信号状态变为 "1"，此时即使输入 IN 的信号状态从 "1" 变为 "0"（信号下降沿），输出 Q 的信号状态仍将保持置位为 "1"；当输入 R 信号状态变为 "1" 时，输出 Q 将被复位。

表 3.15　时间累加器指令的参数说明

LAD	参数	数据类型	说　明
TONR Time IN Q R ET PT	IN	BOOL	启动输入
	R	BOOL	复位输入
	Q	BOOL	超过时间 PT 后，置位的输出
	PT	Time	时间记录的最长持续时间
	ET	Time	累计的时间

时间累加器指令的时序图如图 3.24 所示。

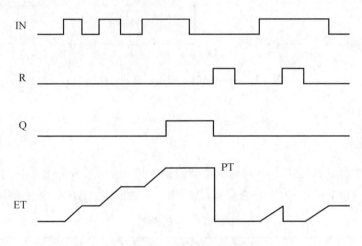

图 3.24　时间累加器指令的时序图

（4）断电延时定时器（TOF）。

断电延时定时器指令可以按照预设的时间延时一段时间后复位输出信号，该指令的参数说明见表 3.16。当输入 IN 的逻辑运算结果（RLO）从"0"变为"1"（信号上升沿）时，将置位输出 Q；当输入 IN 的信号状态变回"0"时，开始计时；当计时时间达到定时时间 PT 后，将复位输出 Q。

注：如果输入 IN 的信号状态在计时结束之前变为"1"，则复位定时器，但输出 Q 的信号状态仍将为"1"。

表 3.16　断电延时定时器的参数说明

LAD	参数	数据类型	说　明
TOF Time IN Q PT ET	IN	BOOL	启动定时器
	Q	BOOL	超过时间 PT 后，复位输出
	PT	Time	定时时间
	ET	Time	当前时间值

断电延时定时器指令的时序图如图 3.25 所示。

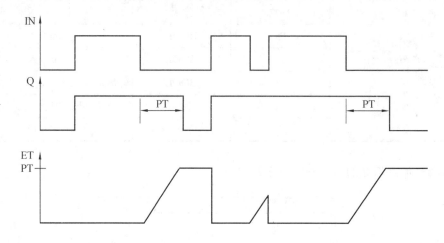

图 3.25　断电延时定时器指令的时序图

3.3.4　程序结构

1. 块的概述

TIA 博途编程软件提供了不同的块类型来执行自动化系统中的任务，总共有 4 种块，分别是组织块（OB）、函数块（FB）、函数（FC）、数据块（DB），块的概述见表 3.17。

表 3.17　块的概述

块的类型	说　　明
组织块（OB）	组织块是 CPU 操作系统与用户程序之间的接口，可以控制下列操作： （1）自动化系统的启动特性，例如 OB100； （2）循环程序处理，例如 OB1（默认创建）； （3）中断驱动的程序执行； （4）错误处理
数据块（DB）	数据块用于保存程序执行期间写入的值，可以分为： （1）全局数据块：存储所有块都可使用的数据； （2）背景数据块：只存储关联的函数块（FB）的数据； （3）基于用户数据类型的数据块：用户数据类型作为全局数据块的模板，只存储指定的相关数据
函数（FC）	函数是用于处理重复任务的程序例程，没有数据块
函数块（FB）	函数块是一种代码块，它将值永久地存储在背景数据块中，即使在块执行完后，这些值仍然可用

52

块的调用关系如图 3.26 所示，其中 DB1 为全局数据块，DB2、DB3 为背景数据块。通过使用软件的"添加新块"功能可以添加不同类型的块，"添加新块"对话框如图 3.27 所示。

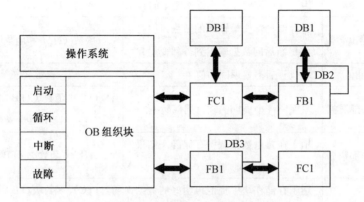

图 3.26 块的调用关系

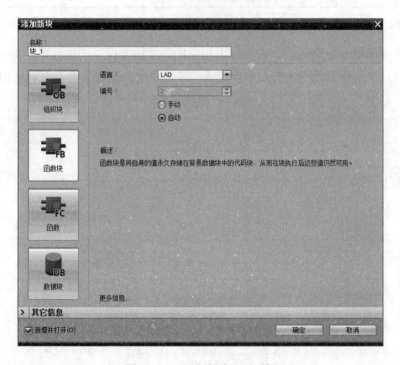

图 3.27 "添加新块"对话框

2. 块接口的应用

组织块（OB）、函数（FC）和函数块（FB）可以添加块接口，方便编程。块接口类型及功能见表 3.18。其中，Input、Output 和 InOut 类型的块接口作为块参数，该类型下的数据又称为形参。

表 3.18　块参数类型及功能

类型	名称	功　　能	可用于
Input	输入参数	用于存储外部变量输入到块中的数据	函数（FC）、函数块（FB）和组织块（OB）
Output	输出参数	用于存储需要输出到外部变量的数据	函数（FC）和函数块（FB）
InOut	输入/输出参数	先存储外部变量输入的数据，执行后又将更新后的数据输出到外部变量	函数（FC）和函数块（FB）
Return	返回值	块执行后需要返回的值	函数（FC）
Temp	临时局部数据	只保留一个周期的临时局部数据	函数（FC）、函数块（FB）和组织块（OB） 注：不显示在背景数据块中
Static	静态局部数据	用于在背景数据块中存储静态结果的变量	函数块（FB）
Constant	常量	用于存储在块中提前声明好的数据，其值在程序执行过程中不会更改	函数（FC）、函数块（FB）和组织块（OB） 注：不显示在背景数据块中

54

3. 数据块的应用

部分指令和函数块调用后，需要使用相应的数据块来保存工作数据。这些工作数据又称为实例，实例可以分成 3 类：单个实例、多重实例和参数实例，见表 3.19。

表 3.19　实例的分类

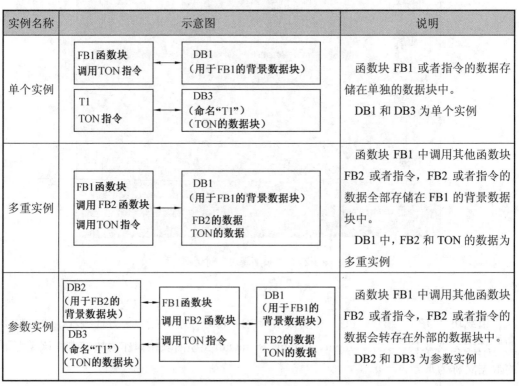

实例名称	示意图	说明
单个实例	FB1 函数块 调用 TON 指令 ↔ DB1（用于 FB1 的背景数据块） T1 TON 指令 ↔ DB3（命名"T1"）（TON 的数据块）	函数块 FB1 或者指令的数据存储在单独的数据块中。 DB1 和 DB3 为单个实例
多重实例	FB1 函数块 调用 FB2 函数块 调用 TON 指令 ← DB1（用于 FB1 的背景数据块）FB2 的数据 TON 的数据	函数块 FB1 中调用其他函数块 FB2 或者指令，FB2 或者指令的数据全部存储在 FB1 的背景数据块中。 DB1 中，FB2 和 TON 的数据为多重实例
参数实例	DB2（用于 FB2 的背景数据块）DB3（命名"T1"）（TON 的数据块）→ FB1 函数块 调用 FB2 函数块 调用 TON 指令 → DB1（用于 FB1 的背景数据块）FB2 的数据 TON 的数据	函数块 FB1 中调用其他函数块 FB2 或者指令，FB2 或者指令的数据会转存在外部的数据块中。 DB2 和 DB3 为参数实例

实例的选择界面如图 3.28 所示。本书主要介绍单个实例的调用。单个实例是指被调用的函数块将数据保存在自己的背景数据块中。

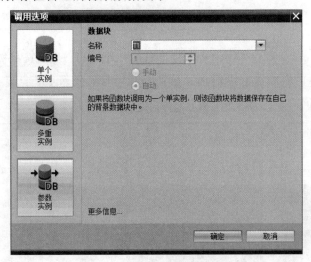

图 3.28　实例的选择界面

3.3.5　编程示例

下面以实现按下按钮 SB1 后点亮指示灯 HL1 的功能为例，介绍 PLC 的编程。首先按照图 3.29（a）进行硬件连线，然后构思 PLC 程序，设计思路为按下按钮 SB1（变量名称为"按钮 1"）时程序开始运行，按下按钮 SB2（变量名称为"按钮 2"）或触发急停按钮 SB5 时程序停止运行。由于按钮 SB1 为非自锁按钮，当按钮 SB1 松开后，为保持指示灯 HL1（变量名称为"指示灯 1"）为"1"，需要设置自锁回路，最终绘制如图 3.29（b）所示的梯形图。

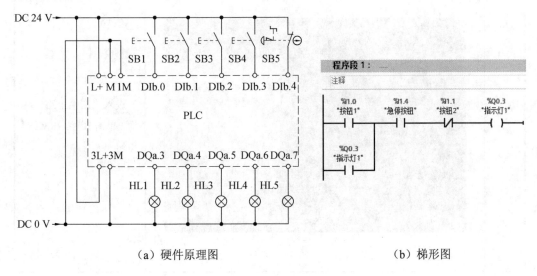

（a）硬件原理图　　　　　　　　　　　　　　　（b）梯形图

图 3.29　程序示例

3.4　编程调试

3.4.1　项目创建

进行 PLC 编程前，需要先在编程软件中创建一个项目，然后选择需要使用的 PLC 型号，最后完成创建后将项目下载到 PLC 中。创建项目的操作步骤见表 3.20。

表 3.20　PLC 程序创建项目的操作步骤

序号	图片示例	操作步骤
1	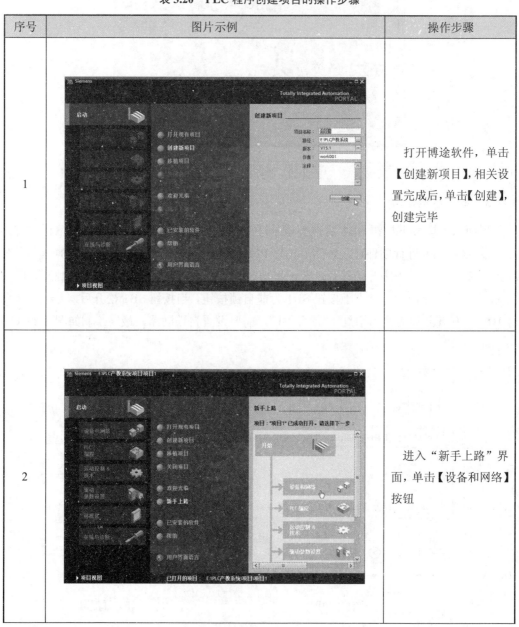	打开博途软件，单击【创建新项目】，相关设置完成后，单击【创建】，创建完毕
2		进入"新手上路"界面，单击【设备和网络】按钮

续表 3.20

序号	图片示例	操作步骤
3	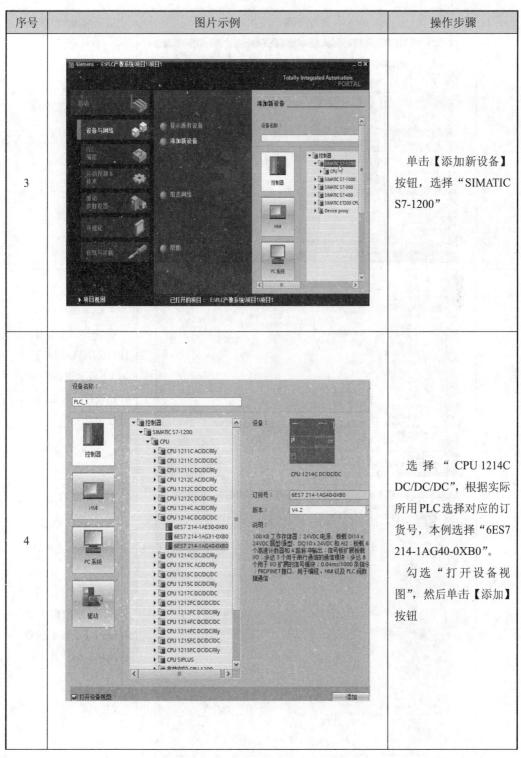	单击【添加新设备】按钮，选择 "SIMATIC S7-1200"
4		选择 " CPU 1214C DC/DC/DC"，根据实际所用 PLC 选择对应的订货号，本例选择 "6ES7 214-1AG40-0XB0"。 勾选 "打开设备视图"，然后单击【添加】按钮

续表 3.20

序号	图片示例	操作步骤
5	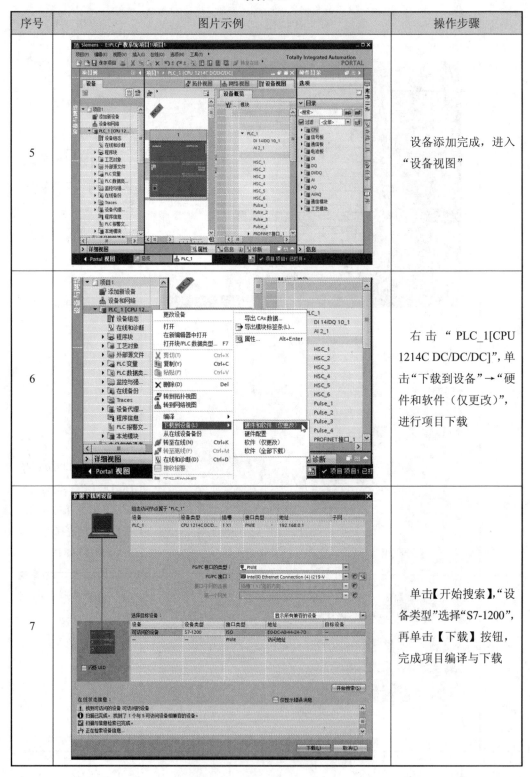	设备添加完成，进入"设备视图"
6		右击 " PLC_1[CPU 1214C DC/DC/DC]"，单击"下载到设备"→"硬件和软件（仅更改）"，进行项目下载
7		单击【开始搜索】，"设备类型"选择"S7-1200"，再单击【下载】按钮，完成项目编译与下载

3.4.2　程序编写

在完成项目创建和硬件组态后，可以开始编写程序。S7-1200 的主程序一般编写在 OB1 组织块中，也可以编写在其他的组织块中。程序编写的操作步骤见表 3.21。

表 3.21　程序编写的操作步骤

序号	图片示例	操作步骤
1	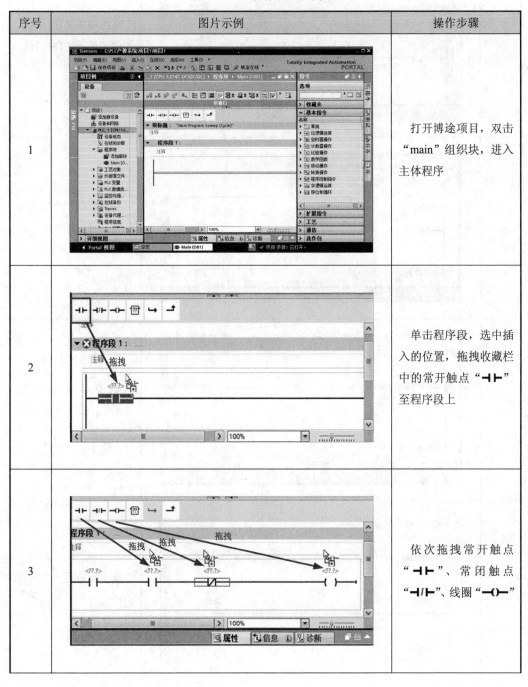	打开博途项目，双击"main"组织块，进入主体程序
2		单击程序段，选中插入的位置，拖拽收藏栏中的常开触点"⊣⊢"至程序段上
3		依次拖拽常开触点"⊣⊢"、常闭触点"⊣/⊢"、线圈"⊣( )⊢"

续表 3.21

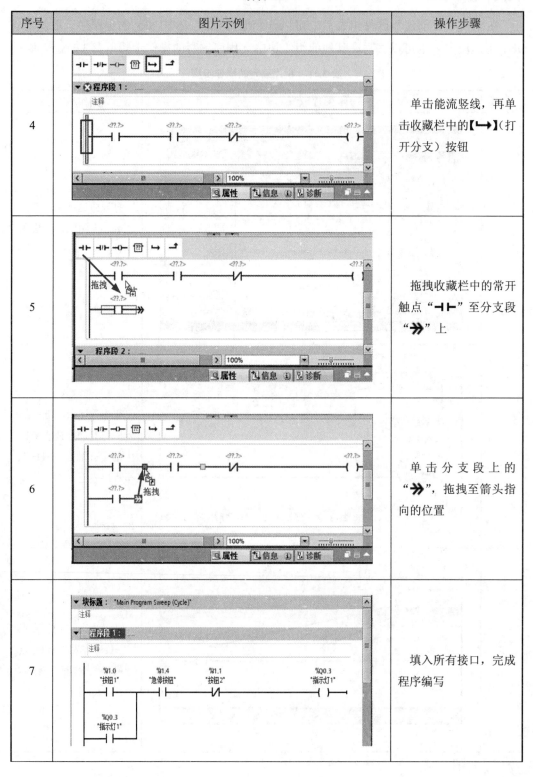

序号	图片示例	操作步骤
4		单击能流竖线，再单击收藏栏中的【→】（打开分支）按钮
5		拖拽收藏栏中的常开触点"⊣⊢"至分支段"»"上
6		单击分支段上的"»"，拖拽至箭头指向的位置
7		填入所有接口，完成程序编写

续表 3.21

序号	图片示例	操作步骤
8	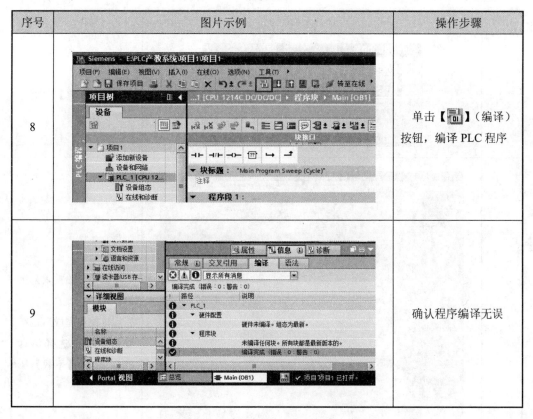	单击【🔲】（编译）按钮，编译 PLC 程序
9		确认程序编译无误

61

3.4.3　项目调试

将编写好的程序下载到设备中，通过在线监视功能查看程序，调试 PLC 程序。点击工具栏中的【🔲】（启动仿真）按钮或执行菜单命令"在线"→"仿真"→"启动"，进行项目调试，项目调试的操作步骤见表 3.22。

表 3.22　项目调试的操作步骤

序号	图片示例	操作步骤
1		单击工具栏的【🔲】（启动仿真）按钮

续表 **3.22**

序号	图片示例	操作步骤
2	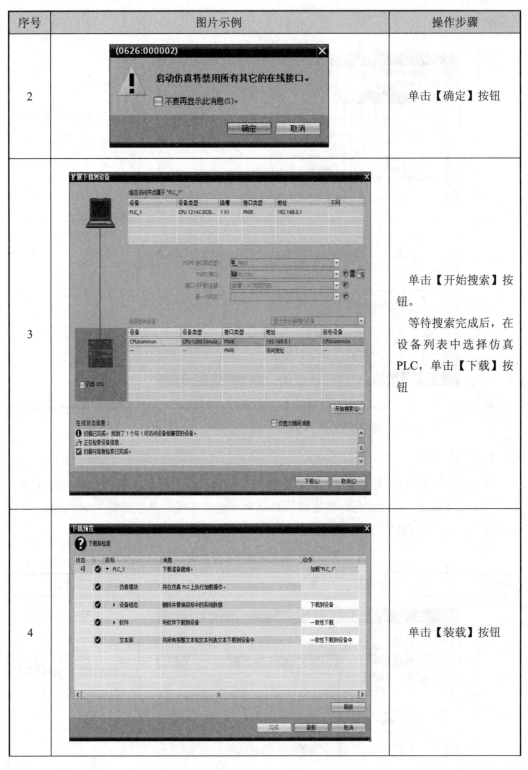	单击【确定】按钮
3		单击【开始搜索】按钮。 等待搜索完成后，在设备列表中选择仿真 PLC，单击【下载】按钮
4		单击【装载】按钮

续表 3.22

序号	图片示例	操作步骤
5	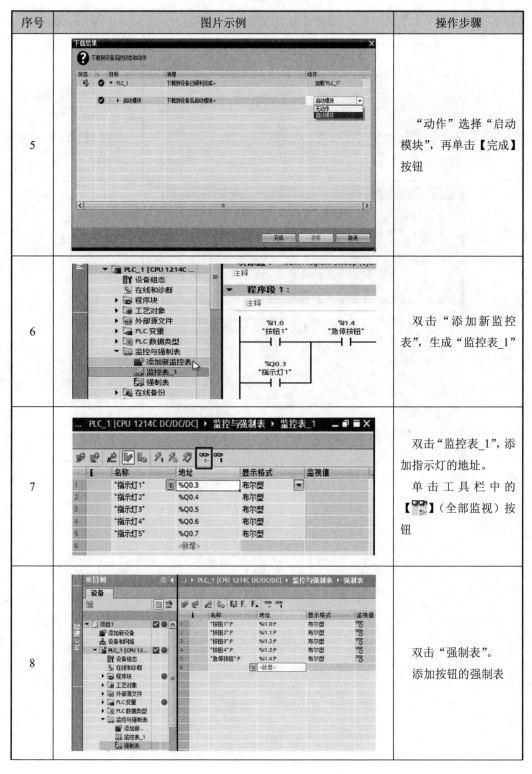	"动作"选择"启动模块",再单击【完成】按钮
6		双击"添加新监控表",生成"监控表_1"
7		双击"监控表_1",添加指示灯的地址。 单击工具栏中的【 】(全部监视)按钮
8		双击"强制表"。 添加按钮的强制表

续表 3.22

序号	图片示例	操作步骤
9	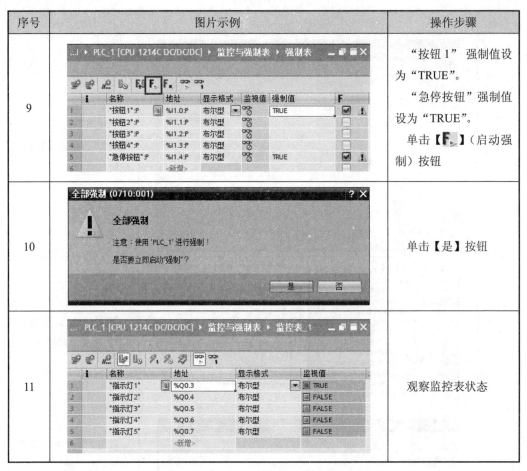	"按钮 1" 强制值设为 "TRUE"。 "急停按钮" 强制值设为 "TRUE"。 单击【F▷】（启动强制）按钮
10		单击【是】按钮
11		观察监控表状态

第二部分　项目应用

第 4 章　基于逻辑控制的信号灯项目

4.1　项目目的

4.1.1　项目背景

※ 信号灯项目目的

　　PLC 在很大程度上取代了传统的继电器控制系统，广泛应用于石油、化工、电力、机械制造、汽车、交通运输等领域。PLC 能实现逻辑控制、顺序控制，逻辑控制是 PLC 最基本控制方式。如图 4.1 所示，交通信号灯的控制就是典型的逻辑控制。通过 PLC 的逻辑控制可以实现交通信号灯的可靠稳定运行，保障道路通行能力，一个典型的交通信号灯系统的时序图如图 4.2 所示。

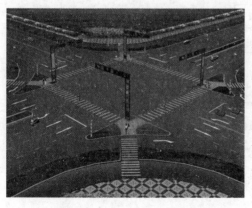

图 4.1　交通信号灯控制

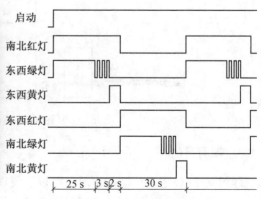

图 4.2　交通信号灯系统的时序图

PLC 逻辑控制系统由控制单元（PLC）、输入单元、输出单元组成，如图 4.3 所示。其中，输入单元负责感知外界信号，包括按钮、传感器等设备；输出单元负责动作的执行，包括指示灯、继电器、电磁阀等设备。PLC 可以通过逻辑控制指令实现对信号灯等外围设备的控制。

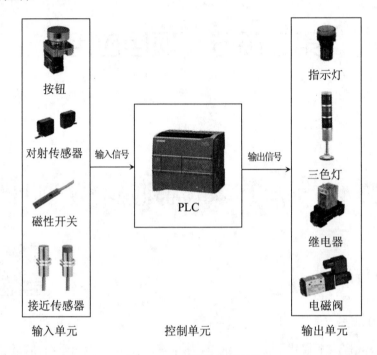

图 4.3　PLC 逻辑控制系统

4.1.2　项目需求

本项目要求将按钮、指示灯与 PLC 连接，如图 4.4 所示，通过对按钮的控制，实现指示灯延时点亮与熄灭的功能。

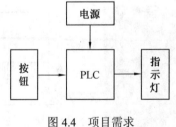

图 4.4　项目需求

4.1.3　项目目的

通过对 PLC 逻辑控制的学习，可以实现以下学习目标。

（1）掌握西门子 PLC 的基础编程方法。

（2）熟悉 PLC 输入/输出的接线方法。

（3）熟悉逻辑控制的指令。

4.2　项目分析

4.2.1　项目构架

本项目为基于逻辑控制的指示灯项目，需要使用 PLC 产教应用系统中的开关电源模块、PLC 模块、按钮和指示灯模块，开关电源模块为系统提供 24 V 电源，项目构架如图 4.5 所示。

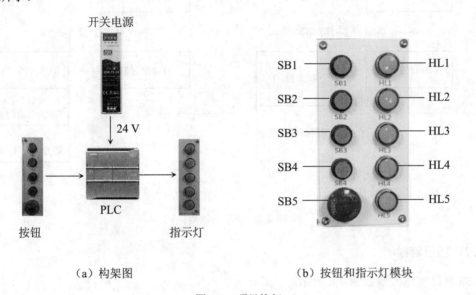

（a）构架图　　　　　　　　　　　（b）按钮和指示灯模块

图 4.5　项目构架

本项目要求当按下按钮 SB1 后置位运行标志并启动指示灯控制程序，当按下 SB2 或 SB5 后复位运行标志。按钮和指示灯的位置示意图如图 4.6 所示，其中 SB5 为常闭急停按钮。

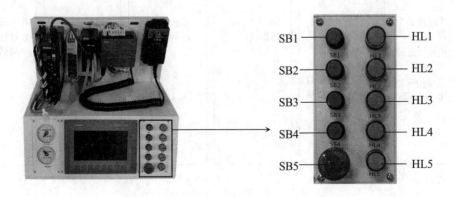

图 4.6　按钮和指示灯的位置示意图

本项目将按钮的逻辑处理与指示灯的控制进行分离，使用顺序控制设计法描述项目过程。项目的顺序功能图如图 4.7 所示，左侧方框表示步，右侧方框表示步激活时的动作，横线表示转换条件，转换条件为"1"时跳转至下一步，跳转后上一步的动作复位。

注：转换条件中"×"表示逻辑与，"+"表示逻辑或，"—"表示取反。

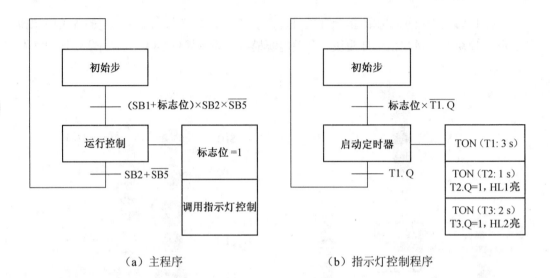

（a）主程序 　　　　　　　　　（b）指示灯控制程序

图 4.7　顺序功能图

4.2.2　项目流程

本项目实施流程如图 4.8 所示。

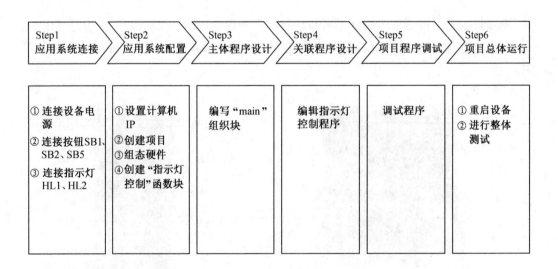

图 4.8　实施流程

4.3　项目要点

4.3.1　结构化编程

西门子 PLC 在程序设计中引入了把复杂任务简单化的思想，把整个项目程序划分成小的子程序，分别对子程序进行编程。这些划分的子程序，被称为"块"，"块"之间通过逻辑关系调用。这种把复杂程序划分成小的"块"的编程方法，称为"结构化程序设计"。

结构化程序有以下优点：

➢ 通过结构化更容易进行大程序编程。

➢ 各个程序段都可实现标准化，通过更改参数反复使用。

➢ 程序结构更简单。

➢ 更改程序变得更容易。

➢ 可分别测试程序段，因而可简化程序排错过程。

➢ 简化了调试。

如图 4.9 所示为一个结构化程序示意图："Main"循环 OB 将连续调用子程序，执行所定义的子程序。

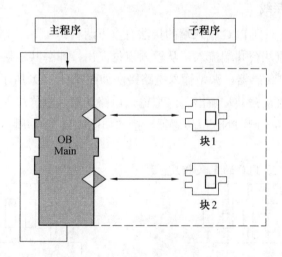

图 4.9　结构化程序示意图

4.3.2　I/O 通信

I/O 信号即输入/输出信号，是控制器与外部设备进行交互的基本方式。CPU 1214C DC/DC/DC 拥有 14 路数字输入和 10 路数字输出，输入和输出接口如图 4.10 所示。

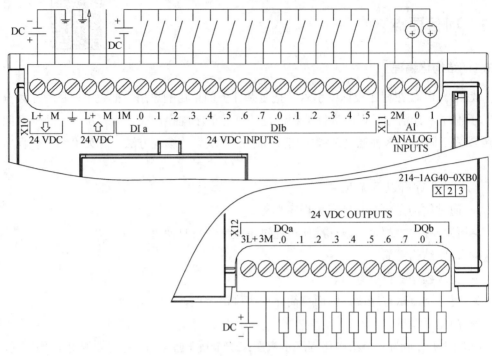

图 4.10　输入和输出接口

1. 数字量输入接线

西门子 S7-1200 系列 PLC 输入端的接法有以下两种：

（1）源型是电流从公共端流入，从输入点位流出，即公共端接电源正极（共阳极接法），可用于 NPN 型传感器。源型输入电路接法如图 4.11（a）所示。

（2）漏型是电流从公共端流出。漏型输入电路从输入点位流入，即公共端接电源负极（共阴极接法），可用于 PNP 型传感器，接法如图 4.11（b）所示。本项目采用漏型输入电路。

注：此定义与三菱 PLC 的定义相反。

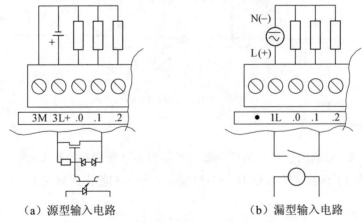

（a）源型输入电路　　　　　　　　（b）漏型输入电路

图 4.11　数字量输入接线

2. 数字量输出接线

西门子 PLC 的数字量输出常见的有晶体管输出和继电器输出 2 种，接线示意图如图 4.12 所示。本项目使用的 CPU 1214C DC/DC/DC 采用的是晶体管输出，只支持源型输出（即信号有效时，输出高电平）。

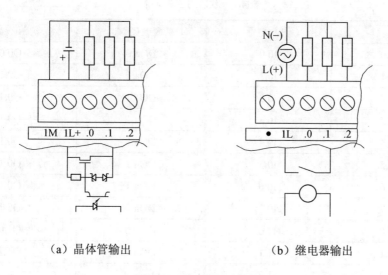

（a）晶体管输出　　　　　　　　　　（b）继电器输出

图 4.12　数字量输出接线

3. 输入/输出地址设置

CPU 1214C DC/DC/DC 的数字输入接口为 DIa 和 DIb，数字输出接口为 DQa 和 DQb。在编程软件的项目树中，右击 PLC，单击【属性】→【DI14/DQ10】→【I/O 地址】，可以对起始字节地址进行设置，如图 4.13 所示。

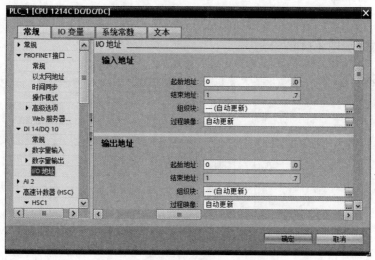

图 4.13　输入/输出的地址设置

默认 DI 和 DQ 的起始字节地址均为 0，结束字节地址均为 1，所以 PLC 的各个输入位接口为 DIa.0～DIa.7 和 DIb.0～DIb.5，对应的位地址为 I0.0～I0.7 和 I1.0～I1.5；PLC 的各个输出位接口为 DQa.0～DQa.7 和 DQb.0、DQb.1，对应的位地址为 Q0.0～Q0.7 和 Q1.0、Q1.1。各个位的默认对应关系见表 4.1。

表 4.1 默认对应关系表

输入接口	输入地址	输出接口	输出地址
DIa.0	I0.0	DQa.0	Q0.0
DIa.1	I0.1	DQa.1	Q0.1
DIa.2	I0.2	DQa.1	Q0.1
DIa.3	I0.3	DQa.1	Q0.1
DIa.4	I0.4	DQa.1	Q0.1
DIa.5	I0.5	DQa.1	Q0.1
DIa.6	I0.6	DQa.1	Q0.1
DIa.7	I0.7	DQa.7	Q0.7
DIb.0	I1.0	DQb.0	Q1.0
DIb.1	I1.1	DQb.1	Q1.1
DIb.2	I1.2		
DIb.3	I1.3		
DIb.4	I1.4		
DIb.5	I1.5		

4.3.3 指令的添加

用户使用博途软件进行指令添加的常用方法有 3 种：从指令栏中拖拽添加、双击添加和右击插入，如图 4.14 所示。

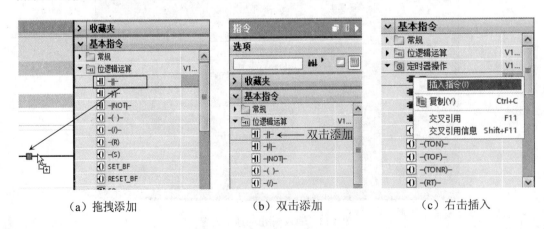

（a）拖拽添加 （b）双击添加 （c）右击插入

图 4.14 指令添加的常用方法

1. 位逻辑运算指令

位逻辑运算指令用于二进制数的逻辑运算。位逻辑运算的结果简称 RLO。位逻辑运算指令主要有触点指令、置位指令、复位指令、线圈指令等。本项目中用到的位逻辑运算指令见表 4.2。

表 4.2 位逻辑运算指令

符号	名称	特点
⊣⊢	常开触点	与真实信号状态相同
⊣/⊢	常闭触点	与真实信号状态相反
⊣ ⊢	赋值	控制信号的状态

位逻辑运算指令除了通过位于编程软件指令栏中的"位逻辑运算"栏目进行添加，还可以通过指令栏中的"收藏夹"栏目或者程序块编辑窗口的常用指令收藏栏进行添加，如图 4.15 所示。

（a）"位逻辑运算"指令的位置

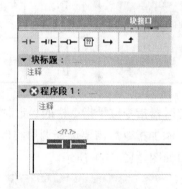

（b）编辑器收藏栏

图 4.15 "位逻辑运算"指令的添加

如果在同一程序中同一元件的线圈使用 2 次及以上，则称为双线圈输出。这时前面的输出无效，只有最后一次才有效，程序中不应出现双线圈输出，应当合并控制同一线圈的触点。

如用户希望实现按下 SB1 或 SB2 使 HL1 亮的功能。在图 4.16（a）所示程序中，当 SB1 为 ON 且 SB2 为 OFF 时，HL1 在第一行被置为 ON，在第二行被立即置为 OFF，所以最终输出结果 HL1 始终为 OFF，此程序为错误示例；在图 4.16（b）所示程序中，优化程序结构，首先将 SB1 和 SB2 进行或运算，再将结果赋值给 HL1，因此任意 1 个按钮为 ON 即可使 HL1 输出 ON。

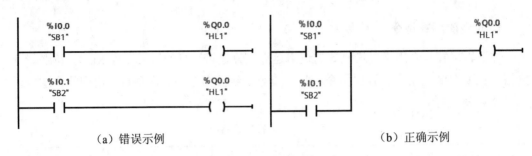

（a）错误示例 　　　　　　　　　　　（b）正确示例

图 4.16　双线圈程序示例

2. 定时器指令

IEC 定时器指令分为脉冲定时器（TP）、通电延时定时器（TON）、时间累加器（TONR）和断电延时定时器（TOF），本项目使用通电延时定时器（TON）。

通电延时定时器（TON）用于延时一段时间后输出信号。通电延时定时器的参数见表 4.3。通电延时定时器（TON）输入 IN 为 "1" 的时间必须超过定时设定时间 PT，输出 Q 才会有效。

表 4.3　通电延时定时器参数

LAD	参数	数据类型	说　　明
TON Time IN　　Q PT　　ET	IN	BOOL	启动定时器
	Q	BOOL	超过时间 PT 后，置位的输出
	PT	Time	定时时间
	ET	Time	当前时间值

定时器指令位于指令栏的 "定时器操作" 栏目，"定时器操作" 的位置如图 4.17（a）所示。添加指令后需要选择调用实例的形式，通常选择 "单个实例" 的模式，调用实例的窗口如图 4.17（b）所示。

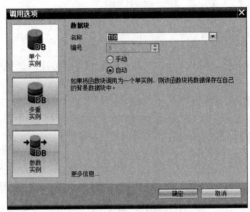

（a）"定时器操作" 的位置 　　　　　　（b）调用实例的窗口

图 4.17　定时器指令的添加

在使用定时器指令时，需要注意只有在 IEC 定时器指令的 Q 点或 ET 点连接变量，或者在程序中使用 IEC 定时器类型的数据块或变量中的 Q 点或者 ET 点，定时器才会开始计时。

下面以实现按下 SB1 启动定时器 T1 的功能为例，介绍定时器的使用。在图 4.18（a）所示程序中，当 SB1 为 ON 时，通电延时定时器无法开始计时；在图 4.18（b）所示程序中，优化程序结构，由于使用了定时器 T1 中的 Q 点，当 SB1 为 ON 时，通电延时定时器将开始计时。

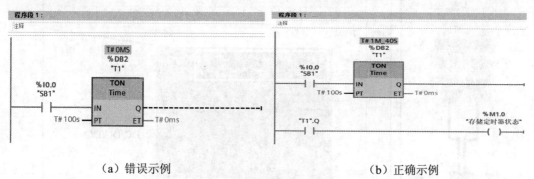

（a）错误示例　　　　　　　（b）正确示例

图 4.18　定时器指令的示例

4.4　项目步骤

4.4.1　应用系统连接

❋ 信号灯项目步骤

本项目基于 PLC 产教应用系统开展，系统内部电路已完成连接，PLC 数字 I/O 部分的电气原理图如图 4.19 所示，实物连线图如图 4.20 所示，其中按钮的 C 为公共端，NO 为常开触点，NC 为常闭触点。

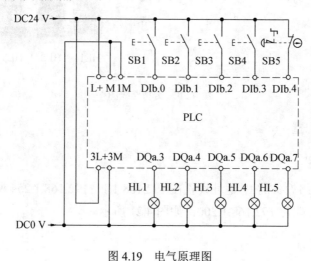

图 4.19　电气原理图

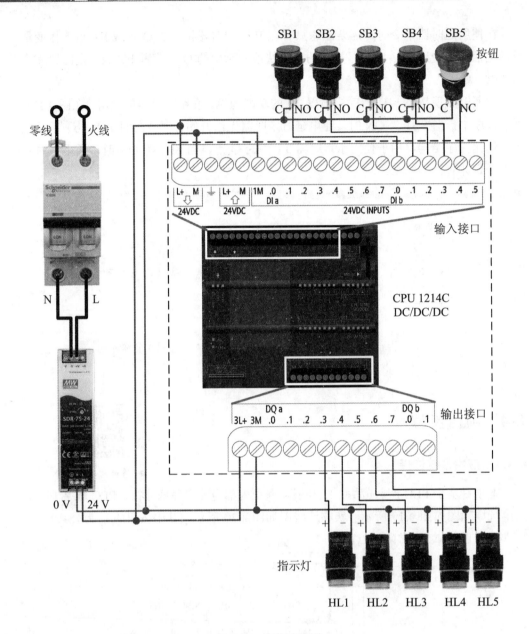

图 4.20　实物连线图

4.4.2　应用系统配置

1. 设置电脑 IP

本项目所有网络设备的 IP 地址设置在 192.168.1.1～192.168.1.254 网段，因此可以将电脑网卡的 IP 地址改为 192.168.1.200，如图 4.21 所示。

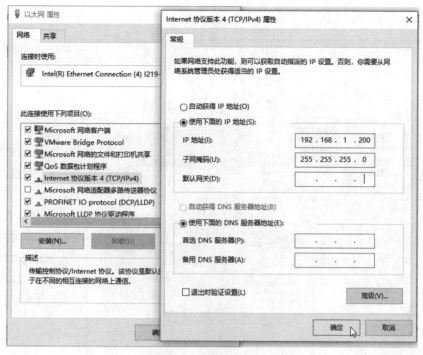

图 4.21　电脑 IP 设置

2. 项目创建

项目创建操作步骤见表 4.4。

表 4.4　项目创建操作步骤

序号	图片示例	操作步骤
1	创建新项目 项目名称：项目1 路径：E:\PLC产教系统 版本：V15.1 作者：work001 注释： 打开现有项目　创建新项目　移植项目 创建	打开博途软件，单击【创建新项目】，项目名称处填写"项目1"，单击【创建】按钮
2	Siemens - E:\PLC产教系统\项目1\项目1 启动 设备与网络　显示所有设备 PLC编程　添加新设备	进入"设备和网络"界面，单击【添加新设备】按钮

续表 4.4

序号	图片示例	操作步骤
3	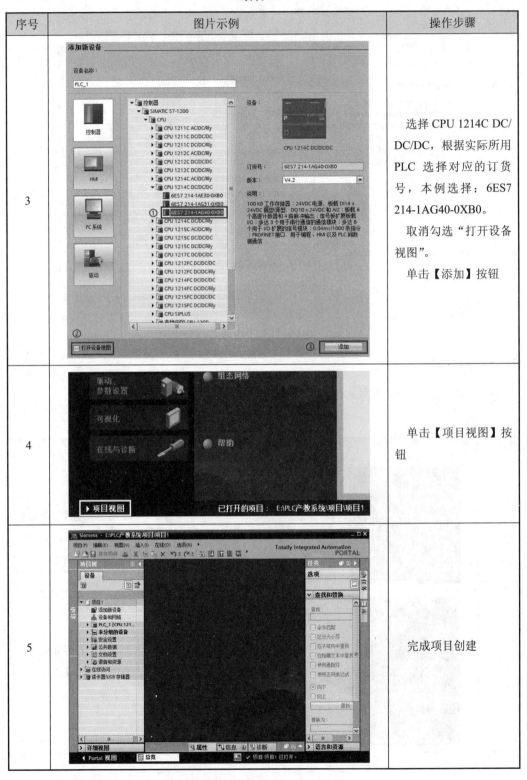	选择 CPU 1214C DC/DC/DC，根据实际所用 PLC 选择对应的订货号，本例选择：6ES7 214-1AG40-0XB0。 取消勾选"打开设备视图"。 单击【添加】按钮
4		单击【项目视图】按钮
5		完成项目创建

78

3. CPU 配置

CPU 配置的操作步骤见表 4.5。

表 4.5　CPU 配置的操作步骤

序号	图片示例	操作步骤
1	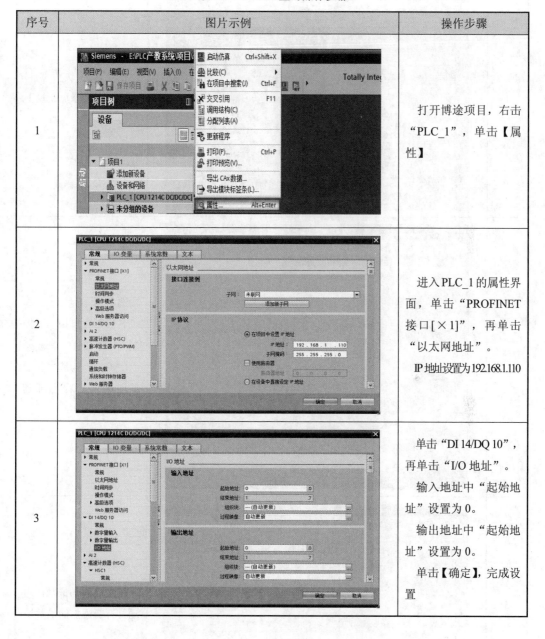	打开博途项目，右击 "PLC_1"，单击【属性】
2		进入 PLC_1 的属性界面，单击 "PROFINET 接口[×1]"，再单击 "以太网地址"。IP 地址设置为 192.168.1.110
3		单击 "DI 14/DQ 10"，再单击 "I/O 地址"。输入地址中 "起始地址" 设置为 0。输出地址中 "起始地址" 设置为 0。单击【确定】，完成设置

4. 添加块

本项目需要添加一个函数块（FB），函数块的名称为 "指示灯控制"。具体操作步骤见表 4.6。

表 4.6　添加函数块的操作步骤

序号	图片示例	操作步骤
1	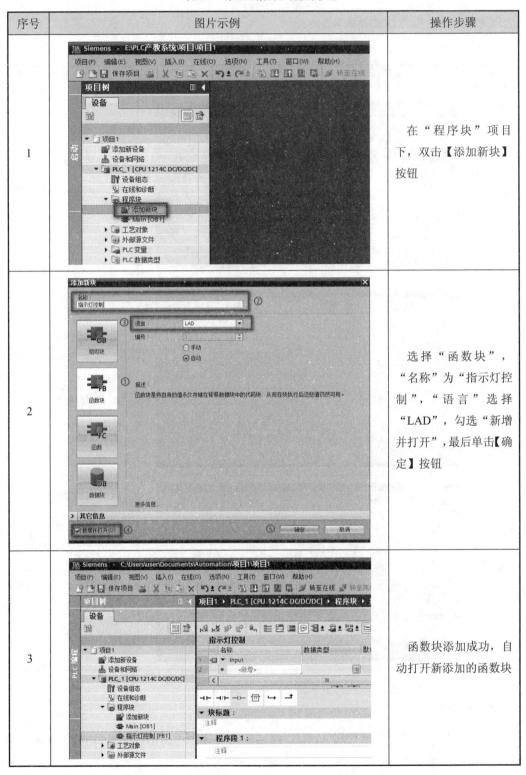	在"程序块"项目下，双击【添加新块】按钮
2		选择"函数块"，"名称"为"指示灯控制"，"语言"选择"LAD"，勾选"新增并打开"，最后单击【确定】按钮
3		函数块添加成功，自动打开新添加的函数块

5. I/O 配置

按钮和指示灯的 I/O 配置见表 4.7。

表 4.7　I/O 配置

变量名称	标识	PLC 输入	变量名称	标识	PLC 输出
按钮 1	SB1	I1.0	指示灯 1	HL1	Q0.3
按钮 2	SB2	I1.1	指示灯 2	HL2	Q0.4
按钮 3	SB3	I1.2	指示灯 3	HL3	Q0.5
按钮 4	SB4	I1.3	指示灯 4	HL4	Q0.6
急停开关	SB5	I1.4	指示灯 5	HL5	Q0.7

根据表 4.7，在项目 1 中创建 I/O 变量表，具体操作步骤见表 4.8。

表 4.8　创建变量表的操作步骤

序号	图片示例	操作步骤
1		打开博途项目，在 "PLC 变量" 栏目下，单击【添加新变量表】按钮
2		双击【变量表_1】，打开新建的变量表

续表 4.8

序号	图片示例	操作步骤
3	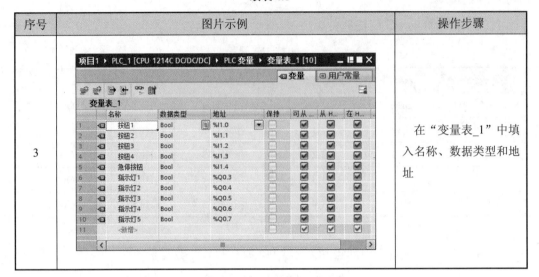	在"变量表_1"中填入名称、数据类型和地址

4.4.3 主体程序设计

本项目的主体程序是名称为"main"的 OB1 组织块，该组织块用于控制按钮动作和调用"指示灯控制"函数块。

1. 按钮动作控制

任务要求按下按钮 SB1 程序开始运行；按下按钮 SB2 或触发急停按钮，程序停止运行，因此各按钮对应的位逻辑指令按表 4.9 选择。

表 4.9 位逻辑指令的选择

按钮标识	按钮类型	变量名称	指令类型	选择原因
SB1	常开按钮（N.O.）	按钮 1	┤├ 常开触点	与按钮真实状态相同：按钮触点闭合，指令接通
SB2	常开按钮（N.O.）	按钮 2	┤/├ 常闭触点	与按钮真实状态相反：按钮触点闭合，指令断开
SB5	常闭按钮（N.C.）	急停按钮	┤├ 常开触点	与按钮真实状态相同：按钮触点断开，指令断开

使用 PLC 内部的位存储器 M1.0 作为运行标志，并添加到变量表_1 中，如图 4.22 所示。由于 SB1（按钮 1）为非自锁按钮，当 SB1 松开后，为保持运行标志 M1.0 为"1"，需要设置自锁回路，按钮动作控制梯形图如图 4.23 所示。

变量表_1

	名称	数据类型	地址
🔲	按钮1	Bool	%I1.0
🔲	按钮2	Bool	%I1.1
🔲	按钮3	Bool	%I1.2
🔲	按钮4	Bool	%I1.3
🔲	急停按钮	Bool	%I1.4
🔲	指示灯1	Bool	%Q0.3
🔲	指示灯2	Bool	%Q0.4
🔲	指示灯3	Bool	%Q0.5
🔲	指示灯4	Bool	%Q0.6
🔲	指示灯5	Bool	%Q0.7
🔲	运行标志	Bool	%M1.0

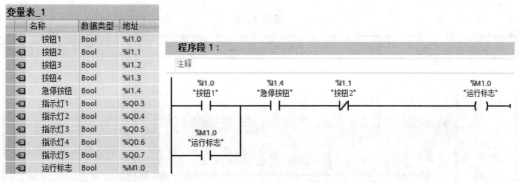

图 4.22　变量表_1　　　　　　　　　　图 4.23　按钮动作控制梯形图

绘制按钮动作控制梯形图的操作步骤见表 4.10。

表 4.10　绘制按钮动作控制梯形图的操作步骤

序号	图片示例	操作步骤
1	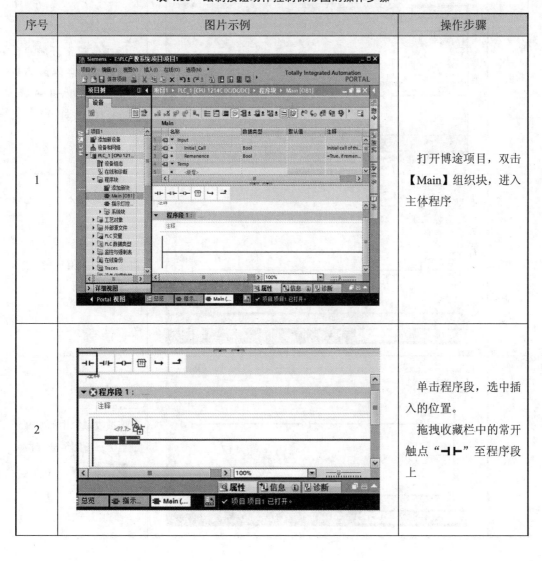	打开博途项目，双击【Main】组织块，进入主体程序
2		单击程序段，选中插入的位置。 拖拽收藏栏中的常开触点"┤├"至程序段上

续表 4.10

序号	图片示例	操作步骤
3	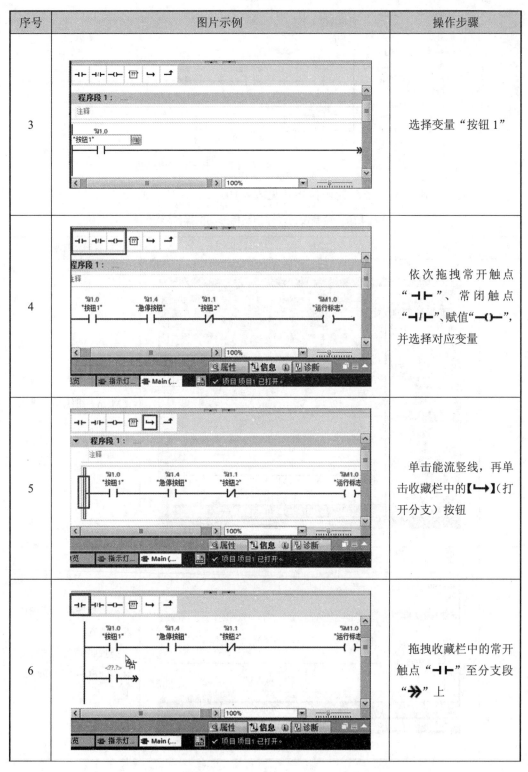	选择变量"按钮1"
4		依次拖拽常开触点"┤├"、常闭触点"┤/├"、赋值"─( )─"，并选择对应变量
5		单击能流竖线，再单击收藏栏中的【↦】（打开分支）按钮
6		拖拽收藏栏中的常开触点"┤├"至分支段"↠"上

续表4.10

序号	图片示例	操作步骤
7	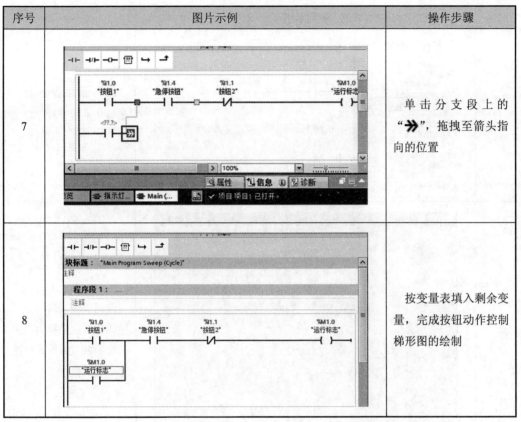	单击分支段上的"**»**",拖拽至箭头指向的位置
8		按变量表填入剩余变量,完成按钮动作控制梯形图的绘制

2. 调用"指示灯控制"函数块

本项目在"main"组织块中调用"指示灯控制"函数块,该函数块控制指示灯的延时启动。调用的操作步骤见表4.11。

表4.11 调用的操作步骤

序号	图片示例	操作步骤
1		打开博途项目,双击【Main】,进入主程序

续表 4.11

序号	图片示例	操作步骤
2	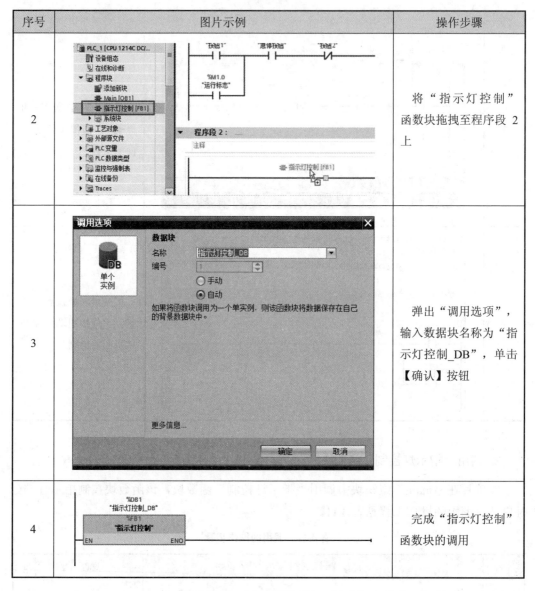	将"指示灯控制"函数块拖拽至程序段 2 上
3		弹出"调用选项"，输入数据块名称为"指示灯控制_DB"，单击【确认】按钮
4		完成"指示灯控制"函数块的调用

4.4.4 关联程序设计

本项目的关联程序是名称为"指示灯控制"的函数块。本项目要求当运行标志为 1 时，启动 3 个延时启动定时器，一个定时器延时 1 s 后点亮指示灯 1（HL1），另一个定时器延时 2 s 后点亮指示灯 2（HL2），最后一个定时器延时 3 s 后，熄灭所有指示灯。为实现熄灭所有指示灯，需要插入 T1 定时器输出的常闭触点┤/├，当 T1 定时器达到定时时间后，输出为"1"时断开线路。最终编写如图 4.24 所示的指示灯控制梯形图。

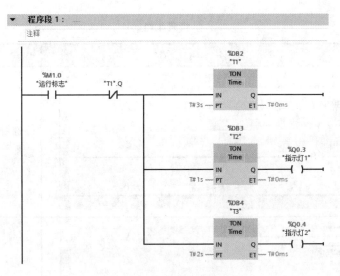

图 4.24　指示灯控制的梯形图

梯形图编写的操作步骤见表 4.12。

表 4.12　梯形图编写的操作步骤

序号	图片示例	操作步骤
1	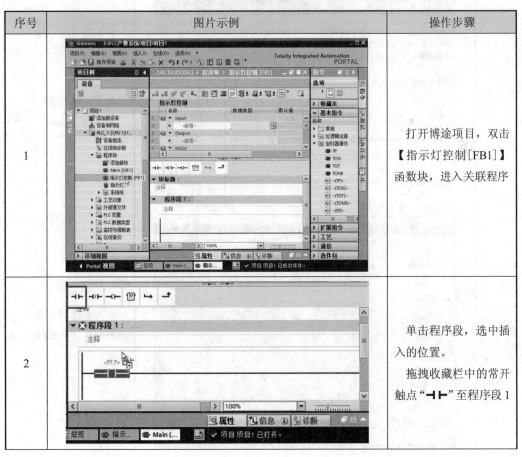	打开博途项目，双击【指示灯控制[FB1]】函数块，进入关联程序
2		单击程序段，选中插入的位置。 拖拽收藏栏中的常开触点"┤├"至程序段 1

续表 **4.12**

序号	图片示例	操作步骤
3	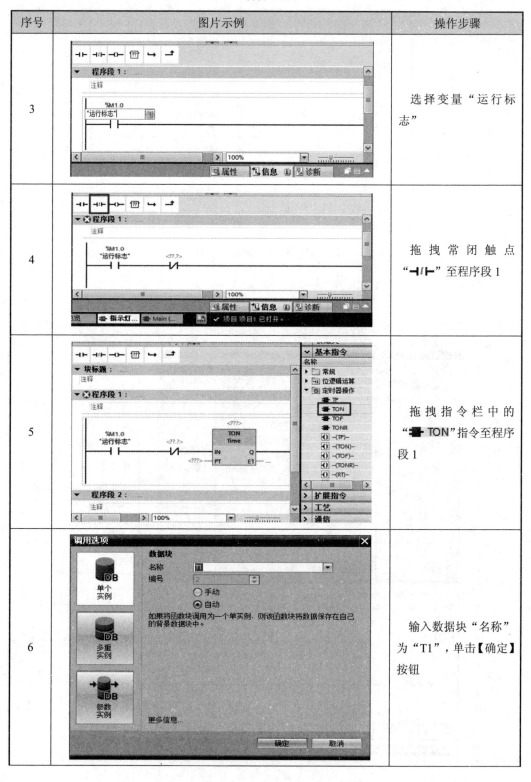	选择变量"运行标志"
4		拖拽常闭触点"┤/├"至程序段 1
5		拖拽指令栏中的"■ TON"指令至程序段 1
6		输入数据块"名称"为"T1"，单击【确定】按钮

88

续表 4.12

序号	图片示例	操作步骤
7	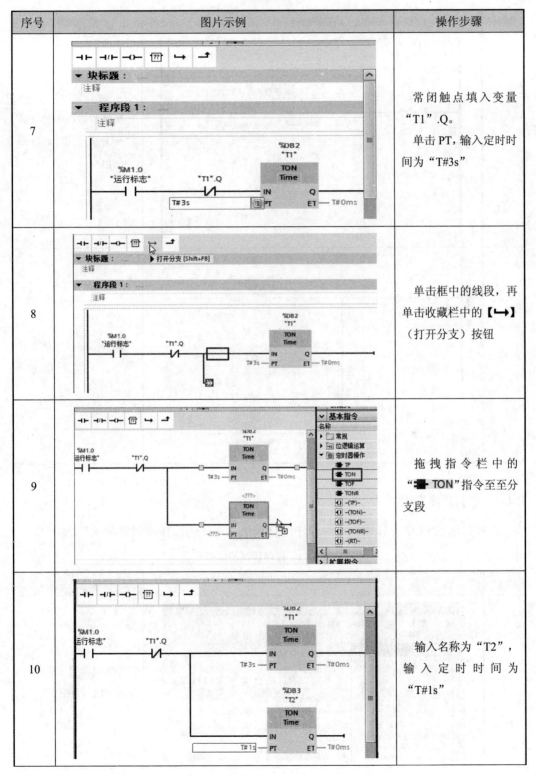	常闭触点填入变量"T1".Q。 单击 PT，输入定时时间为"T#3s"
8		单击框中的线段，再单击收藏栏中的【↦】（打开分支）按钮
9		拖拽指令栏中的"█ TON"指令至至分支段
10		输入名称为"T2"，输入定时时间为"T#1s"

续表 4.12

序号	图片示例	操作步骤
11	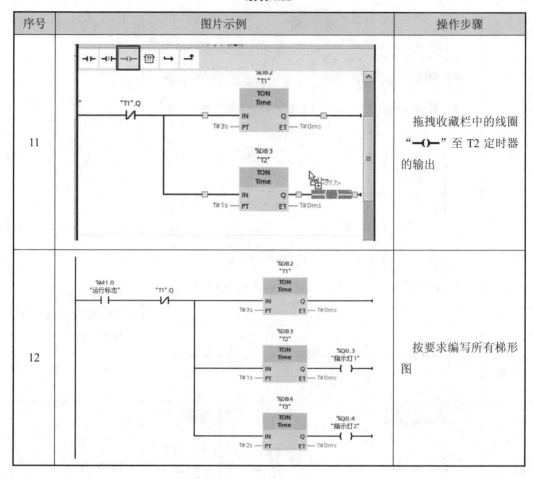	拖拽收藏栏中的线圈"—( )—"至 T2 定时器的输出
12	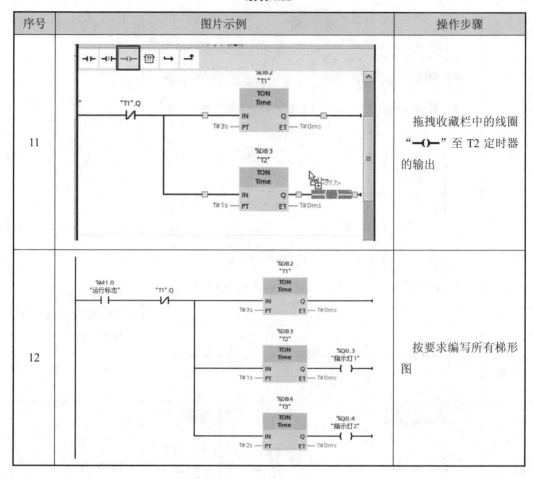	按要求编写所有梯形图

4.4.5 项目程序调试

本项目通过 PLC 仿真软件，对程序进行调试，调试的操作步骤见表 4.13。

表 4.13 程序调试的操作

序号	图片示例	操作步骤
1	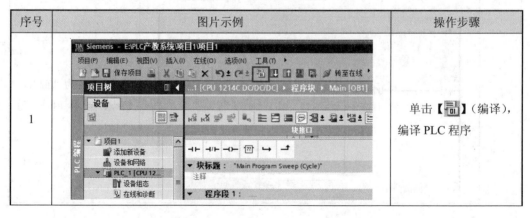	单击【 】（编译），编译 PLC 程序

续表 4.13

序号	图片示例	操作步骤
2	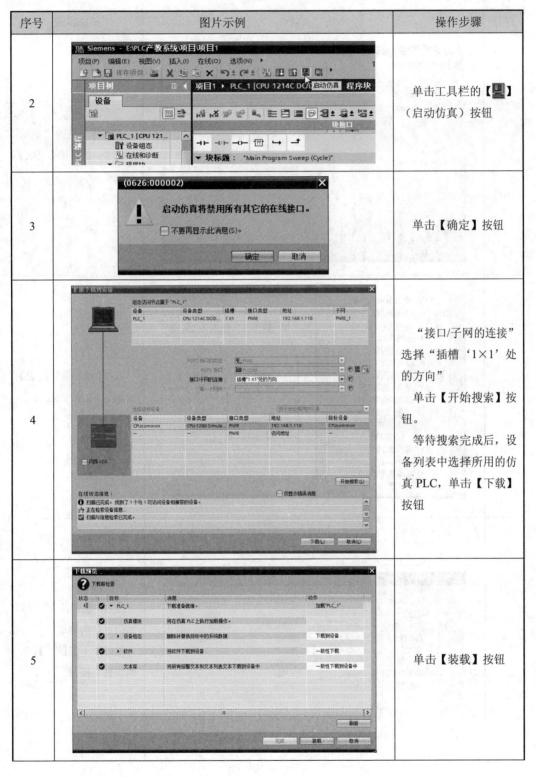	单击工具栏的【　】（启动仿真）按钮
3		单击【确定】按钮
4		"接口/子网的连接"选择"插槽'1×1'处的方向" 单击【开始搜索】按钮。 等待搜索完成后，设备列表中选择所用的仿真 PLC，单击【下载】按钮
5		单击【装载】按钮

续表 4.13

序号	图片示例	操作步骤
6	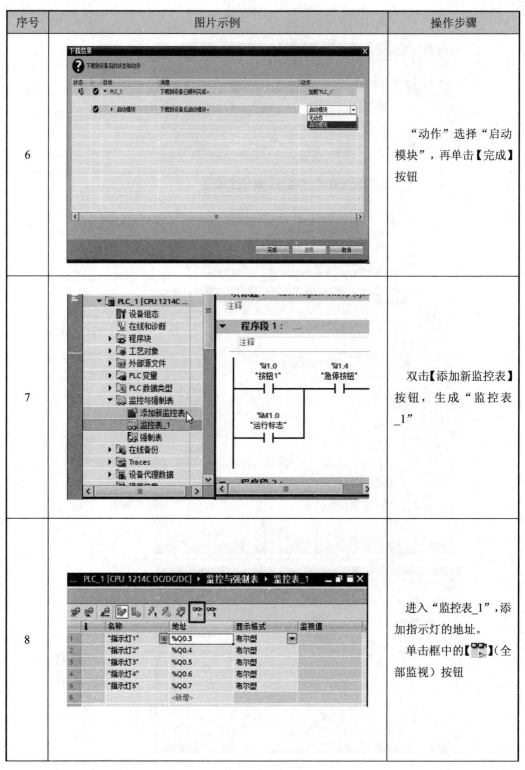	"动作"选择"启动模块"，再单击【完成】按钮
7		双击【添加新监控表】按钮，生成"监控表_1"
8		进入"监控表_1"，添加指示灯的地址。 单击框中的【▶】（全部监视）按钮

续表 4.13

序号	图片示例	操作步骤
9	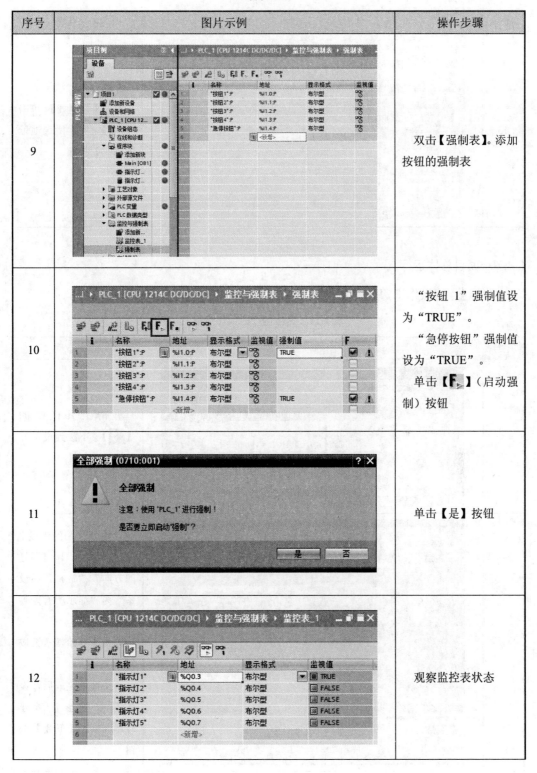	双击【强制表】。添加按钮的强制表
10		"按钮 1"强制值设为"TRUE"。 "急停按钮"强制值设为"TRUE"。 单击【F▶】（启动强制）按钮
11		单击【是】按钮
12		观察监控表状态

93

续表 **4.13**

序号	图片示例	操作步骤
13		双击【强制表】。单击【F.】（停止所选地址的强制）按钮

94

4.4.6　项目总体运行

总体运行的操作步骤见表 4.14。

表 **4.14**　总体运行的操作步骤

序号	图片示例	操作步骤
1	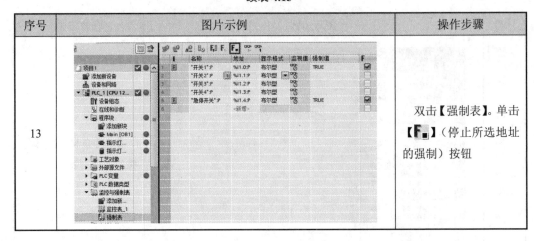	单击工具栏中的【↓】（下载到设备）按钮
2	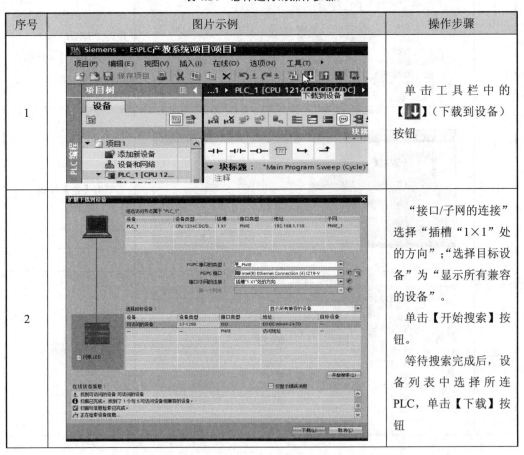	"接口/子网的连接"选择"插槽"1×1"处的方向"；"选择目标设备"为"显示所有兼容的设备"。 单击【开始搜索】按钮。 等待搜索完成后，设备列表中选择所连 PLC，单击【下载】按钮

续表 4.14

序号	图片示例	操作步骤
3	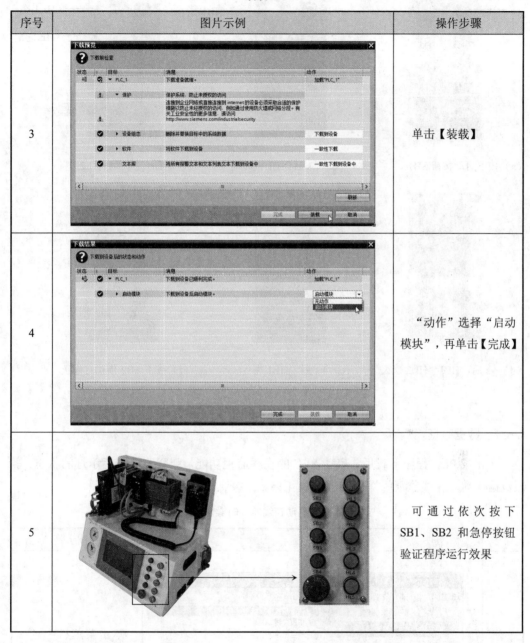	单击【装载】
4		"动作"选择"启动模块",再单击【完成】
5		可通过依次按下 SB1、SB2 和急停按钮验证程序运行效果

4.5　项目验证

4.5.1　效果验证

本项目总体运行的效果如图 4.25 所示。

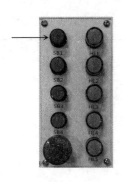
（a）按下启动按钮 SB1

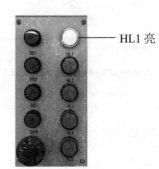
（b）1 s 后，HL1 亮

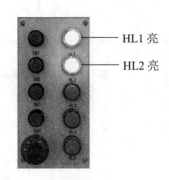
（c）2 s 后，HL2 亮

（d）3 s 后，HL1～HL2 熄灭

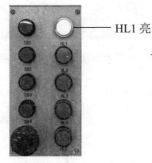
（e）4 s 后，HL1 亮

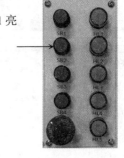
（f）按下 SB2 指示灯熄灭

图 4.25　运行的效果

4.5.2　数据验证

在完成 PLC 程序下载后，启动 PLC 的在线监视功能，观察监控表指示灯的状态，验证数据。启动在线监视的操作步骤见表 4.15。

表 4.15　启动在线监视的操作步骤

序号	图片示例	操作步骤
1	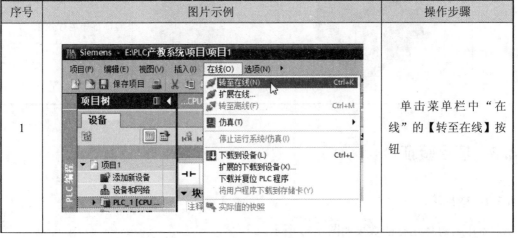	单击菜单栏中"在线"的【转至在线】按钮

续表 4.15

序号	图片示例	操作步骤
2	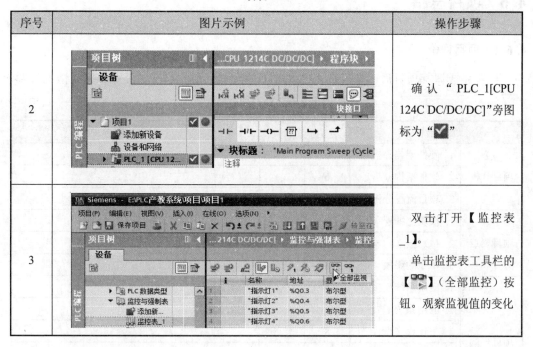	确认"PLC_1[CPU 124C DC/DC/DC]"旁图标为"✔"
3	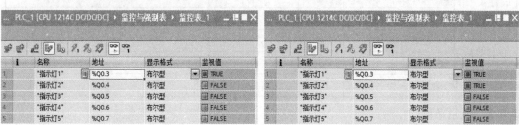	双击打开【监控表_1】。 单击监控表工具栏的【 】（全部监控）按钮。观察监视值的变化

监控表的数据如图 4.26 所示。

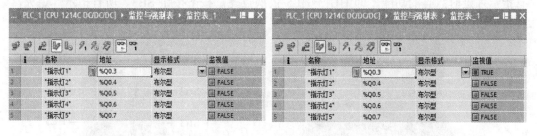

（a）按下按钮 SB1，1 s 延时后，指示灯 HL1 亮　　　（b）2 s 延时后，指示灯 HL2 亮

（c）3 s 延时后，指示灯熄灭　　　（d）4 s 延时后，指示灯 HL1 再次点亮

图 4.26　监控表的数据

4.6　项目总结

4.6.1　项目评价

读者完成训练项目后，填写表 4.16 的项目评价表，包括自评、互评和完成情况说明。

表 4.16　项目评价表

项目指标		分值	自评	互评	完成情况说明
项目分析	1. 硬件架构分析	6			
	2. 软件架构分析	6			
	3. 项目流程分析	6			
项目要点	1. 模块化编程	8			
	2. I/O 通信	8			
	3. 指令的添加	8			
项目步骤	1. 应用系统连接	8			
	2. 应用系统配置	8			
	3. 主体程序设计	8			
	4. 关联程序设计	8			
	5. 项目程序调试	8			
	6. 项目运行调试	8			
项目验证	1. 效果验证	5			
	2. 数据验证	5			
合计		100			

4.6.2　项目拓展

本拓展项目的内容为利用 PLC 产教应用系统，实现同时按下按钮 SB1 与 SB2 后，所有指示灯延时点亮的功能，即 HL1～HL5 依次点亮，按下按钮 SB3，所有指示灯熄灭，按钮和指示灯如图 4.27 所示。

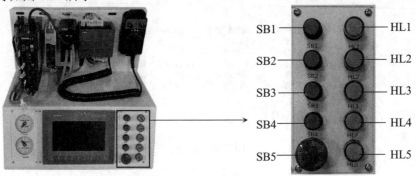

图 4.27　按钮和指示灯

第 5 章　基于 PROFINET 总线的通信项目

5.1　项目目的

5.1.1　项目背景

※ 通信项目目的

在实际的工业场景中，工业现场会有多种控制器，这些控制器通过工业以太网或者现场总线传输数据，位于现场的上位机可以轻松地获取与控制器相连的 I/O 设备状态，位于远程的监控服务器也可以实时采集数据，方便工程师追溯数据。

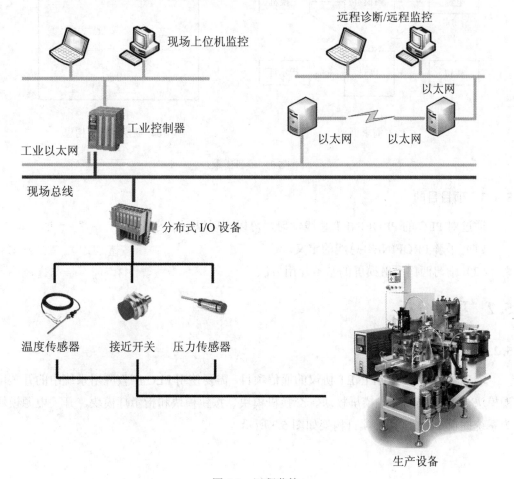

图 5.1　远程监控

西门子 S7-1200 系列 PLC 集成的 PROFINET 接口支持多种通信协议，如 TCP、Modbus TCP、S7 通信和 PROFINET IO 等。PROFINET 英文全称是 Process Field Net，是由 PROFIBUS 国际组织 PI（PROFIBUS International）推出的，是新一代的基于工业以太网技术的自动化总线标准，是实时的工业以太网。自 2003 年起，PROFINET 是 IEC 61158 及 IEC 61784 标准中的一部分。PROFINET 有许多的应用行规，如针对编码器的应用行规、针对运动控制以及机能安全的应用行规等。

5.1.2 项目需求

本项目要求将 5 个按钮和 5 个指示灯与 PLC 连接，并通过网线将触摸屏、PLC 与交换机连接。本项目实现的功能为通过操作触摸屏画面的两个按钮实现指示灯延时点亮和熄灭。本项目的需求框架如图 5.2（a）所示，触摸屏画面的构思图如图 5.2（b）所示。

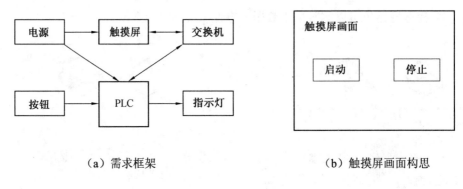

（a）需求框架　　　　　　　　　　（b）触摸屏画面构思

图 5.2　项目需求

5.1.3 项目目的

通过对 PLC 的 PROFINET 总线学习，可以实现以下学习目标。

（1）了解 PROFINET 总线的定义。

（2）学习西门子触摸屏的基本使用方法。

5.2　项目分析

5.2.1 项目构架

本项目为基于 PROFINET 协议的通信项目，需要使用 PLC 产教应用系统中的开关电源模块、PLC 模块、触摸屏模块、交换机模块、按钮模块和指示灯模块，开关电源模块为系统提供 24 V 电源，项目构架如图 5.3 所示。

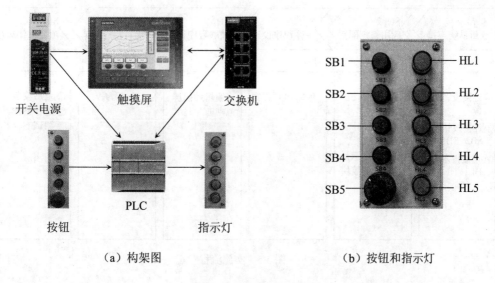

（a）构架图　　　　　　　　　　　　（b）按钮和指示灯

图 5.3　项目构架

本项目的初始状态为未按下触摸屏停止按钮并且未触发急停按钮 SB5，当按下触摸屏启动按钮后，运行标志变为 1 并启动信号灯控制程序；当按下触摸屏停止按钮或者触发急停按钮 SB5 时，则运行标志变为 0。本项目的顺序功能图如图 5.4 所示。

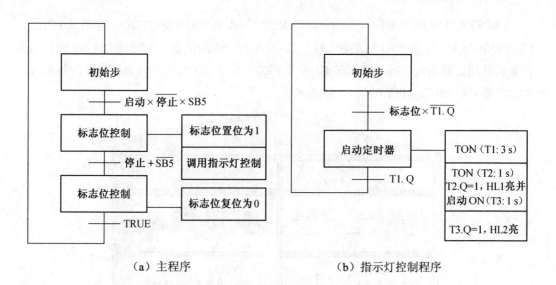

（a）主程序　　　　　　　　　　　　（b）指示灯控制程序

图 5.4　顺序功能图

5.2.2　项目流程

本项目实施流程如图 5.5 所示。

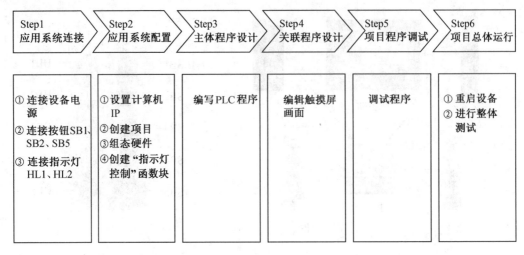

图 5.5 实施流程

5.3 项目要点

5.3.1 PROFINET 总线

1. PROFINET 简介

❋ 通信项目要点

PROFINET 从应用角度可分为 PROFINET CBA 及 PROFINET IO，如图 5.6 所示。PROFINET CBA 适合经由 TCP/IP 协议、以元件为基础的通信，PROFINET IO 则使用在需要实时通信的系统。PROFINET CBA 和 PROFINET IO 可以在一个网络中同时出现。本书主要介绍 PROFINET IO。

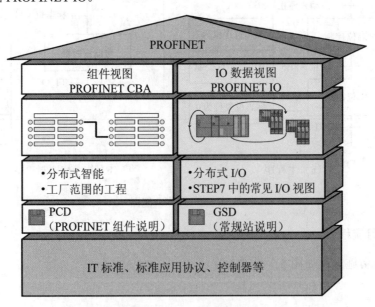

图 5.6 PROFINET IO 和 PROFINET CBA

102

2. PROFINET 的性能等级

PROFINET 定义了三种不同的性能等级，用于实现不同的通信功能。

（1）NRT（Non Real Time，非实时）：使用以太网协议、TCP/IP 协议以及 UDP/IP 协议等传输数据，其反应时间约为 100 ms。

（2）RT（Real Time，实时）通信协议：使用以太网协议直接对 I/O 数据进行交换，针对 PROFINET CBA 及 PROFINET IO 应用，其反应时间小于 10 ms。

（3）IRT（Isochronous Real Time，等时实时）通信协议：针对驱动系统的 PROFINET IO 通信，其反应时间小于 1 ms，抖动时间小于 1 μs。

注：S7-1200 系列 PLC 不支持 IRT 协议。

3. PROFINET IO 系统设备

PROFINET IO 系统包含三种设备，如图 5.7 所示。

（1）IO 控制器：用于对连接的 IO 设备进行寻址的设备。这意味着 IO 控制器将与分配的现场设备交换输入和输出信号。IO 控制器通常是运行自动化程序的控制器，如 PLC。

（2）IO 设备：指分配给其中一个 IO 控制器的分布式现场设备。

（3）IO 监视器：用于调试和诊断的编程设备，例如 PC 或 HMI 设备。

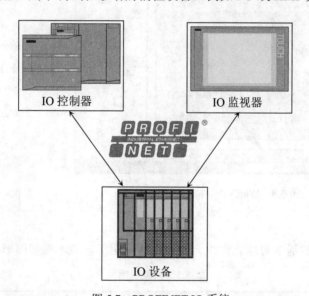

图 5.7 PROFINET IO 系统

4. PROFINET 网络地址

PROFINET 网络中的每个设备都有以下的三个地址。

（1）MAC 地址：设备的局域网地址。

（2）IP 地址：网络通信地址。

（3）设备名称地址：PROFINET 网络组态中设备的逻辑名称。

103

5.3.2　触摸屏应用基础

西门子 S7-1200 系列 PLC 与西门子触摸屏通信会占用 12 个 HMI 资源。通常 1 个西门子触摸屏会占用 1 个 HMI 资源，但部分精智系列触摸屏占用 2 个 HMI 资源，读者可通过相关手册了解具体的占用数量。

KTP700 Basic PN 精简面板含有一个 PROFINET 接口，支持的协议有 PROFINET、TCP/IP、Ethernet/IP 和 Modbus TCP 等，注：该款触摸屏不支持 PROFINET I/O。S7-1200 系列 PLC 通过 PROFINET 总线，使用 S7 通信协议与 KTP700 Basic PN 精简面板通信，属于非实时通信，占用 1 个 HMI 资源。

注：S7 通信协议是西门子 S7 系列 PLC 内部集成的一种通信协议，该协议基于 TCP/IP。

KTP700 Basic PN 精简面板的组态软件是博途中的 WinCC 组件，软件界面如图 5.8 所示。通过使用工具箱，可以对触摸屏的画面进行编辑，工具箱的位置如图 5.9 所示。

图 5.8　WinCC 组件界面　　　　　　　　图 5.9　工具箱

1. 基本对象

精简面板支持的基本对象有直线、椭圆、圆、矩形、文本域和图形视图，见表 5.1。

表 5.1　对象说明

名称	图形	说　　明
直线		用于绘制直线图案
椭圆		用于绘制椭圆图案，可用颜色或图案填充
圆		用于绘制圆形图案，可用颜色或图案填充
矩形		用于绘制矩形图案，可用颜色或图案填充
文本域	A	用于添加文本框，可以用颜色填充
图形视图		用于添加图形文件

2. 元素

精简面板支持的元素有 I/O 域、按钮、符号 I/O 域、图形 I/O 域、日期/时间域、棒图和开关，具体图形和说明，见表 5.2。

表 5.2　元素说明

名称	图形	说　明
I/O 域	0.12	用于输入和显示过程值
按钮		"按钮"可组态一个对象，在运行系统中使用该对象执行所有可执行的功能
符号 I/O 域	10 ▼	用于添加文本输入和输出的选择列表
图形 I/O 域		用于添加图形文件的显示和选择的列表
日期/时间域	5	用于显示系统时间和系统日期
棒图		通过刻度值对变量进行标记
开关	0 1	用于在两种预定义的状态之间进行切换

3. 系统函数

西门子的精简面板有丰富的系统函数，如图 5.10 所示，可以分为报警、编辑位、画面、画面对象的键盘操作、计算脚本、键盘、历史数据、配方、其它函数、设置、系统和用户管理。

系统函数的调用需要在对象属性的事件中进行设置。例如本项目要求在按下按钮时置位变量，调用的步骤为选中需要设置的按钮，然后依次单击【属性】→【事件】→【按下】，最后选择"按下键时置位位"函数进行设置，系统函数的设置界面如图 5.11 所示。

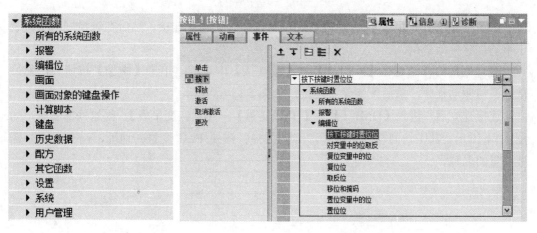

图 5.10　系统函数　　　　　　　　　　图 5.11　函数设置界面

4. 变量的类型

精简面板使用两种类型的变量：内部变量和外部变量。

（1）内部变量：只能在触摸屏内部传送值，并且只有在运行系统处于运行状态时变量值才可用。

（2）外部变量：在完成触摸屏和 PLC 的连接后，将外部变量值与 PLC 中的过程值相对应，实现对 PLC 过程值的读取与写入。

5. 变量的创建与连接

本项目主要介绍外部变量的创建。外部变量的创建有自动和手动两种方式。

（1）自动方式：用于已包含 PLC 并支持集成连接的项目，通过选择 PLC 变量表中的变量，实现外部变量的自动创建。例如需要为画面中的按钮添加外部变量，可以依次进入【按钮属性】→【事件】→【按下】，选择所要调用的系统函数，并选择 PLC 变量表的变量后，软件会自动创建变量并建立与 PLC 的连接，如图 5.12 所示。本书采用此方法。

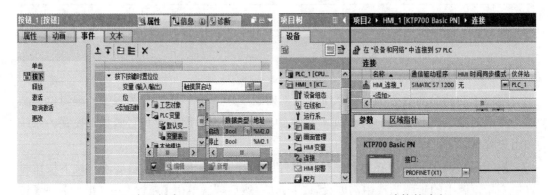

（a）变量创建　　　　　　　　　　　（b）连接的建立

图 5.12　自动创建方式

（2）手动方式：用于不包含 PLC 的项目，必须先建立连接，然后在触摸屏的变量表中手动创建外部变量。

建立连接的方法是在【HMI_1】→【连接】中设置，单击【添加】按钮后，然后选择通信驱动程序，最后配置设备地址，如图 5.13 所示。

连接建立后，进入【HMI_1】→【HMI 变量】→【默认变量表】，创建外部变量，如图 5.14 所示。其中访问模式有两种，<绝对访问>需要 PLC 变量的地址，<符号访问>需要变量的名称。

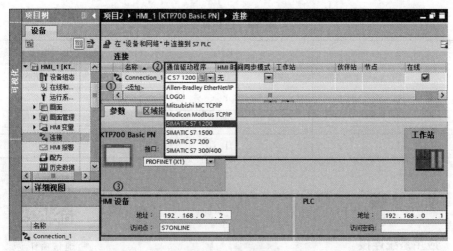

图 5.13　连接设置

图 5.14　变量创建

5.3.3　SR 触发器

本项目通过 SR 触发器启动运行标志，SR 触发器指令的参数见表 5.3。

表 5.3　指令的参数

LAD	参数	数据类型	说　明
<??.?> SR S　　Q R1	S	BOOL	置位触发器
	R1	BOOL	复位触发器
	<??.?>	BOOL	待置位或复位的操作数
	Q	BOOL	操作数的信号状态

SR 触发器可以根据两个输入信号的状态确定输出的状态，在 S7-1200 系列 PLC 中，SR 触发器复位优先触发，其逻辑真值表见表 5.4。

表 5.4 逻辑真值表

S	R1	输出（bit）
0	0	保持前一状态
0	1	0
1	0	1
1	1	0

5.4 项目步骤

5.4.1 应用系统连接

❋ 通信项目步骤

本项目基于 PLC 产教应用系统开展，系统内部电路已完成连接，PLC 数字 I/O 部分的电气原理图如图 5.15 所示，实物连线图如图 5.16 所示。

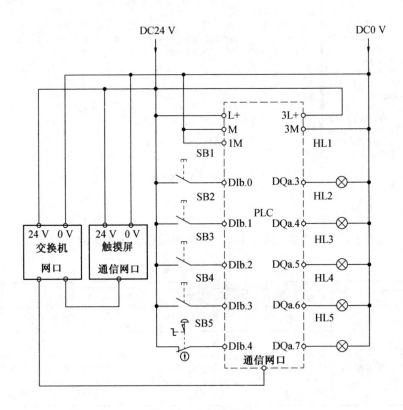

图 5.15 电气原理图

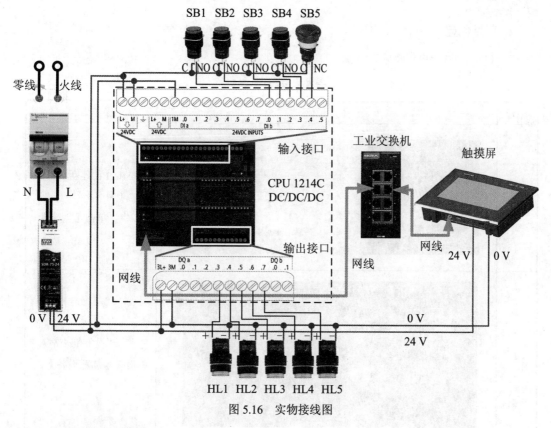

图 5.16　实物接线图

5.4.2　应用系统配置

1. 设置计算机 IP

本项目所有网络设备的 IP 地址设置在 192.168.1.1～192.168.1.254 网段，因此将计算机网卡的 IP 地址改为 192.168.1.200，如图 5.17 所示。

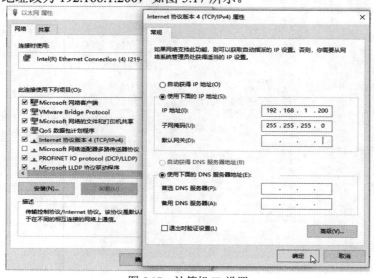

图 5.17　计算机 IP 设置

2. 项目创建

项目创建的操作步骤见表 5.5。

表 5.5　项目创建

序号	图片示例	操作步骤
1	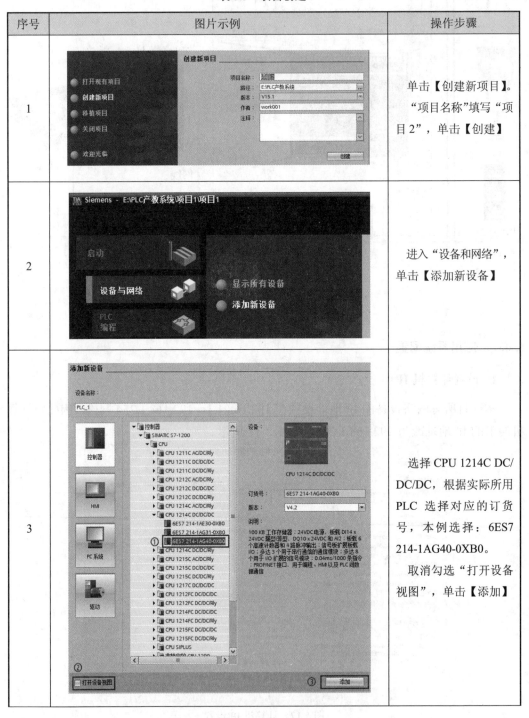	单击【创建新项目】。"项目名称"填写"项目2"，单击【创建】
2		进入"设备和网络"，单击【添加新设备】
3		选择 CPU 1214C DC/DC/DC，根据实际所用 PLC 选择对应的订货号，本例选择：6ES7 214-1AG40-0XB0。 取消勾选"打开设备视图"，单击【添加】

续表 **5.5**

序号	图片示例	操作步骤
4	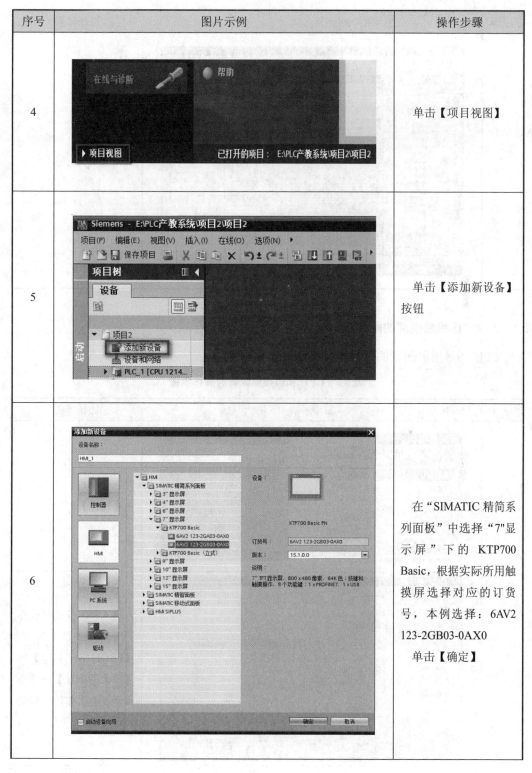	单击【项目视图】
5		单击【添加新设备】按钮
6		在 "SIMATIC 精简系列面板" 中选择 "7"显示屏" 下的 KTP700 Basic，根据实际所用触摸屏选择对应的订货号，本例选择：6AV2 123-2GB03-0AX0 单击【确定】

续表 5.5

序号	图片示例	操作步骤
7		完成项目创建

3. CPU 和触摸屏的配置步骤

CPU 和触摸屏配置的操作步骤见表 5.6。

表 5.6　CPU 和触摸屏配置的操作步骤

序号	图片示例	操作步骤
1	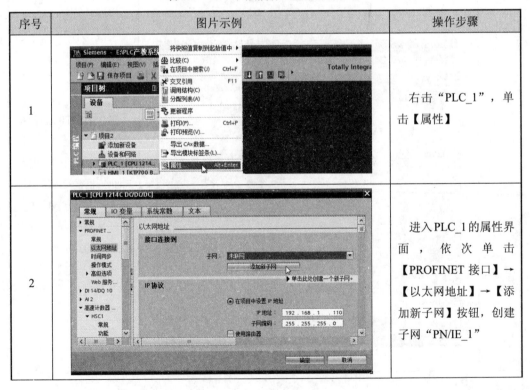	右击"PLC_1"，单击【属性】
2		进入 PLC_1 的属性界面，依次单击【PROFINET 接口】→【以太网地址】→【添加新子网】按钮，创建子网"PN/IE_1"

续表 5.6

序号	图片示例	操作步骤
3	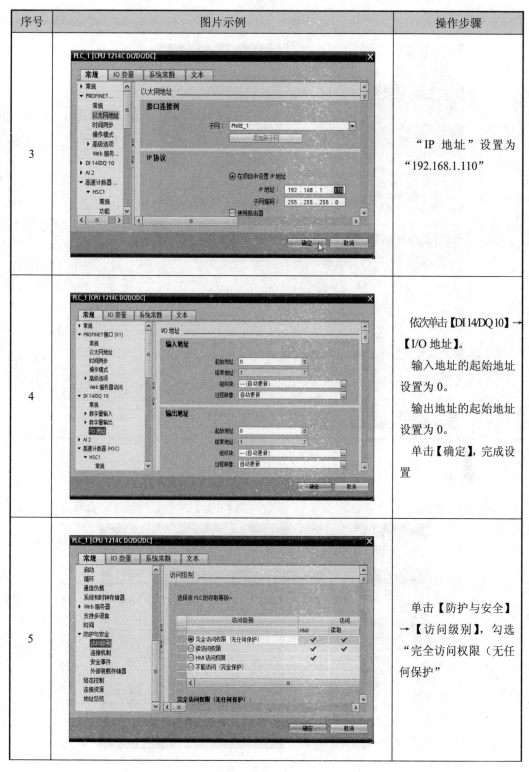	"IP 地址"设置为 "192.168.1.110"
4		依次单击【DI 14/DQ 10】→【I/O 地址】。 输入地址的起始地址设置为 0。 输出地址的起始地址设置为 0。 单击【确定】,完成设置
5		单击【防护与安全】→【访问级别】,勾选"完全访问权限(无任何保护)"

续表 5.6

序号	图片示例	操作步骤
6	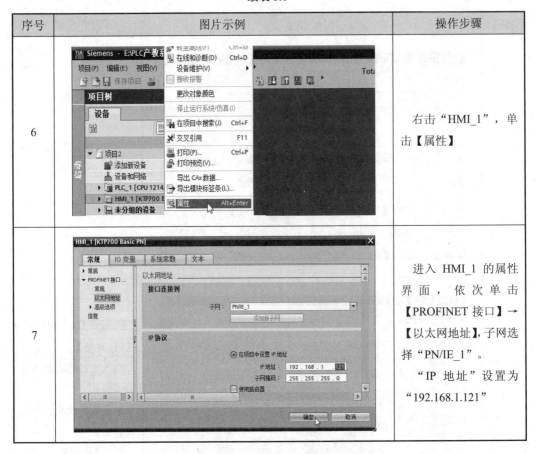	右击"HMI_1"，单击【属性】
7		进入 HMI_1 的属性界面，依次单击【PROFINET 接口】→【以太网地址】，子网选择"PN/IE_1"。"IP 地址"设置为"192.168.1.121"

4. 添加块

本项目需要添加一个函数块（FB），函数块的名称为"指示灯控制"，如图 5.18 所示。

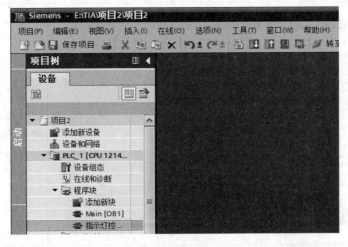

图 5.18　添加函数块

5. 变量表配置

（1）I/O 变量配置。

按钮和指示灯的 I/O 配置见表 5.7。

表 5.7　I/O 配置

变量名称	标识	PLC 输入	变量名称	标识	PLC 输出
按钮 1	SB1	I1.0	指示灯 1	HL1	Q0.3
按钮 2	SB2	I1.1	指示灯 2	HL2	Q0.4
按钮 3	SB3	I1.2	指示灯 3	HL3	Q0.5
按钮 4	SB4	I1.3	指示灯 4	HL4	Q0.6
急停开关	SB5	I1.4	指示灯 5	HL5	Q0.7

根据表 5.7，在项目 2 中创建 I/O 变量表，如图 5.19 所示。

（2）内部存储器变量设置。

根据本项目的要求，触摸屏上的启动和停止需要 2 个内部存储器点位，需要在编写主程序前将内部存储器变量添加到"变量表_1"中，如图 5.20 所示。

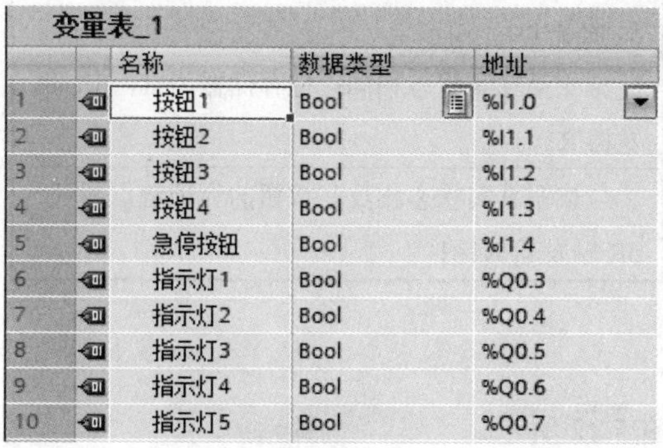

图 5.19　I/O 变量表

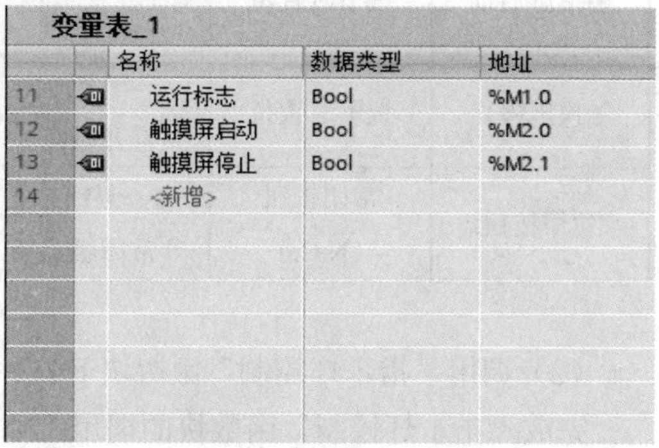

图 5.20　内部寄存器变量

5.4.3　主体程序设计

本项目的主体程序由名称为"main"的 OB1 组织块和名称为"指示灯控制"的函数块组成。"main"组织块用于处理控制运行标志程序和调用指示灯控制程序，"指示灯控制"函数块用于控制指示灯的点亮。

1. "main"组织块

（1）运行标志控制程序。

任务要求按下触摸屏启动按钮后程序开始运行，按下触摸屏停止按钮或断开急停按钮程序后停止运行，触摸屏按钮选择"按下时置位位"函数，因此当使用 PLC 内部的位存储器 M1.0 作为运行标志时，为保持运行标志 M1.0 为"1"，使用 SR 触发器置位运行标志。最终绘制如图 5.21 所示的梯形图。

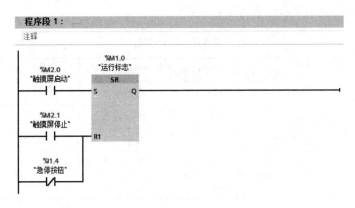

图 5.21　运行标志控制梯形图

各按钮选择指令的原因见表 5.8。

表 5.8　各按钮选择指令的原因

对象	按钮类型	指令类型	选择原因
触摸屏启动	按下时置位	┤├ 常开触点	与变量真实状态相同：位存储器为 1，SR 触发器 S=1
触摸屏停止	按下时置位	┤├ 常开触点	与变量真实状态相同：位存储器为 1，SR 触发器 R1=1
急停按钮	常闭按钮（N.C.）	┤/├ 常闭触点	与按钮真实状态相反：按钮的物理触点断开，SR 触发器 R1=1

（2）调用"指示灯控制"函数块 FB1。

完成"指示灯控制"函数块的调用，如图 5.22 所示。

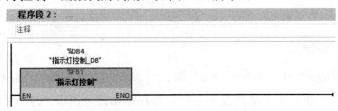

图 5.22　"指示灯控制"函数块的调用

2．"指示灯控制"函数块

本项目的关联程序要求为运行标志为 1 时，延时 1 s 后点亮指示灯 1（HL1），再延时 1 s 后点亮指示灯 2（HL2），运行标志为 1 持续 3 s 后，熄灭所有指示灯。具体程序内容如图 5.23 所示。

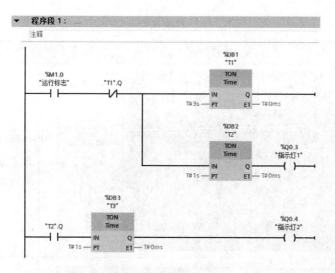

图 5.23 指示灯控制具体程序

5.4.4 关联程序设计

本项目以触摸屏画面为关联程序，根据设计要求绘制画面，具体的步骤分为添加背景图片和添加启动、停止按钮。

1. 添加背景图片

添加背景图片的操作步骤见表 5.9。

表 5.9 添加背景图片的操作步骤

序号	图片示例	操作步骤
1		打开触摸屏"画面_1"

续表 5.9

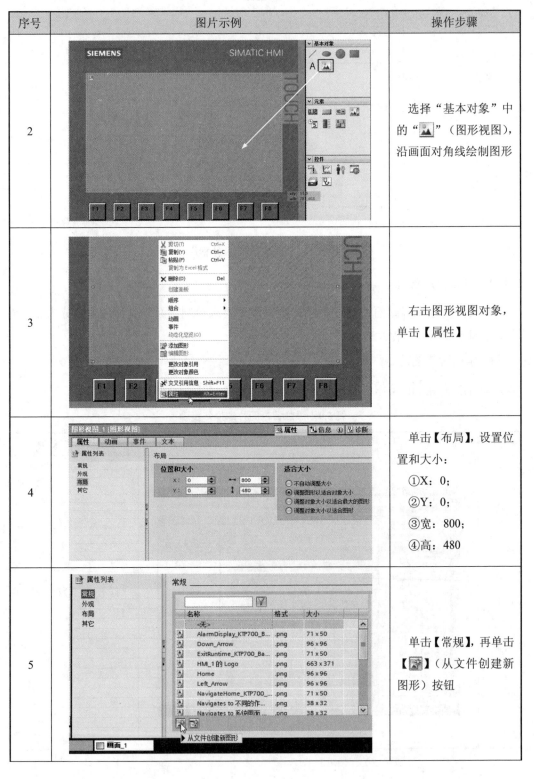

序号	图片示例	操作步骤
2		选择"基本对象"中的""（图形视图），沿画面对角线绘制图形
3		右击图形视图对象，单击【属性】
4		单击【布局】，设置位置和大小： ①X：0； ②Y：0； ③宽：800； ④高：480
5		单击【常规】，再单击【】（从文件创建新图形）按钮

续表 5.9

序号	图片示例	操作步骤
6	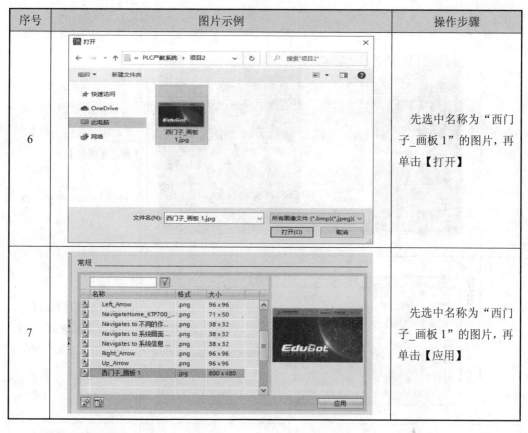	先选中名称为"西门子_画板 1"的图片,再单击【打开】
7	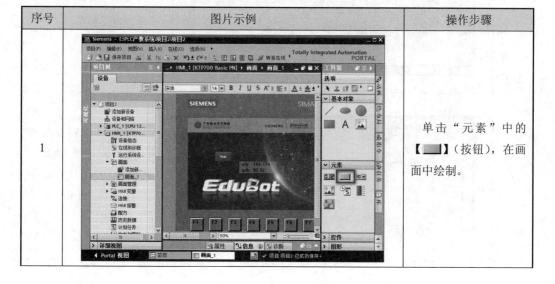	先选中名称为"西门子_画板 1"的图片,再单击【应用】

（2）添加按钮。

添加按钮的操作步骤见表 5.10。

表 5.10　添加按钮的操作步骤

序号	图片示例	操作步骤
1		单击"元素"中的【▬】（按钮），在画面中绘制。

续表 5.10

序号	图片示例	操作步骤
2	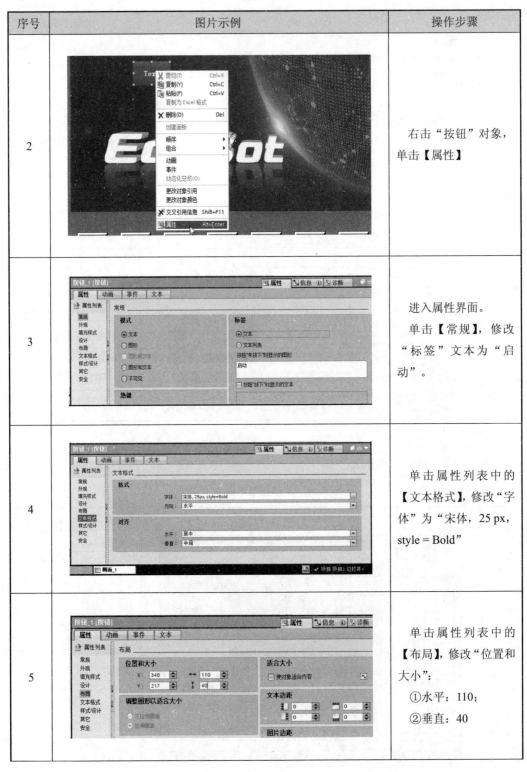	右击"按钮"对象，单击【属性】
3		进入属性界面。 单击【常规】，修改"标签"文本为"启动"。
4		单击属性列表中的【文本格式】，修改"字体"为"宋体，25 px，style = Bold"
5		单击属性列表中的【布局】，修改"位置和大小"： ①水平：110； ②垂直：40

续表 5.10

序号	图片示例	操作步骤
6	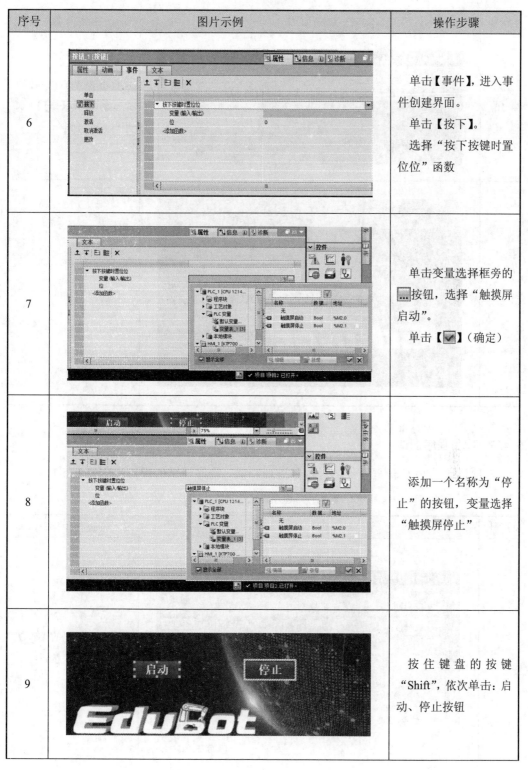	单击【事件】，进入事件创建界面。 单击【按下】。 选择"按下按键时置位位"函数
7		单击变量选择框旁的 … 按钮，选择"触摸屏启动"。 单击【☑】（确定）
8		添加一个名称为"停止"的按钮，变量选择"触摸屏停止"
9		按住键盘的按键"Shift"，依次单击：启动、停止按钮

续表 5.10

序号	图片示例	操作步骤
10	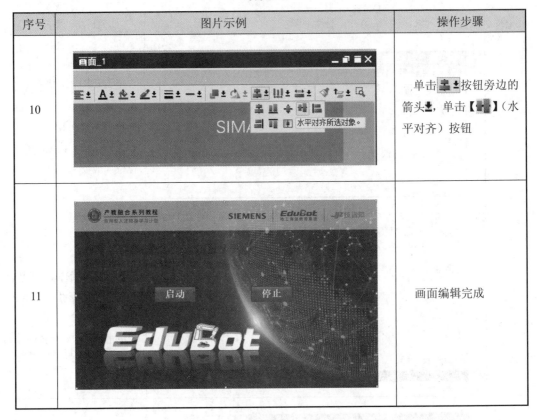	单击 ▦ 按钮旁边的箭头 ▾，单击【▦】（水平对齐）按钮
11	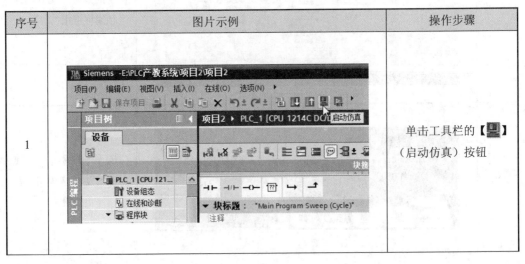	画面编辑完成

5.4.5 项目程序调试

本项目通过 PLC 仿真软件，对程序进行调试。程序调试的操作步骤见表 5.11。

表 5.11 程序调试的操作步骤

序号	图片示例	操作步骤
1		单击工具栏的【▥】（启动仿真）按钮

续表 5.11

序号	图片示例	操作步骤
2	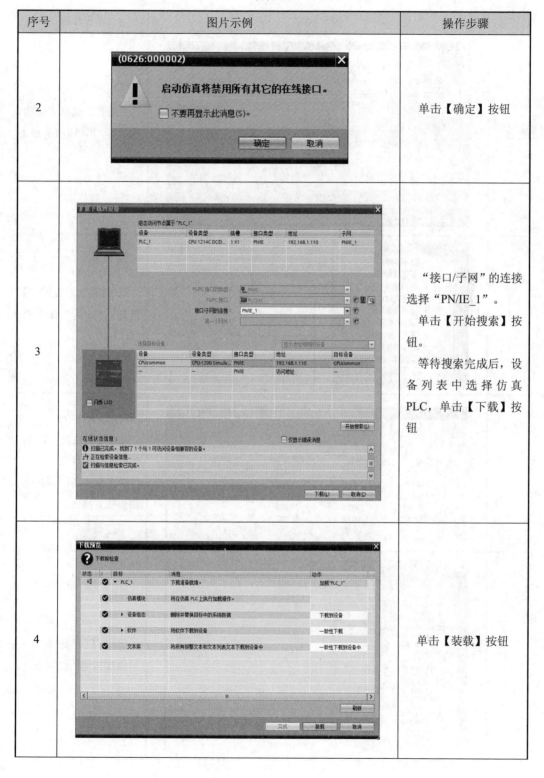	单击【确定】按钮
3		"接口/子网"的连接选择"PN/IE_1"。单击【开始搜索】按钮。等待搜索完成后，设备列表中选择仿真PLC，单击【下载】按钮
4		单击【装载】按钮

123

续表 5.11

序号	图片示例	操作步骤
5	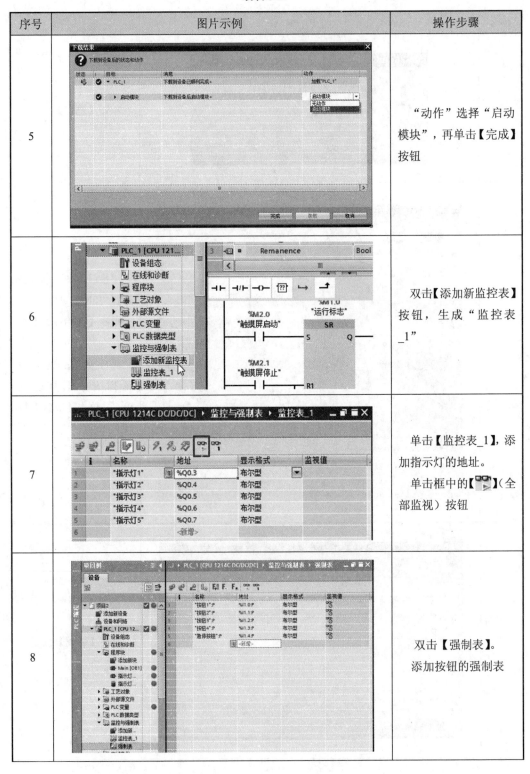	"动作"选择"启动模块"，再单击【完成】按钮
6		双击【添加新监控表】按钮，生成"监控表_1"
7		单击【监控表_1】，添加指示灯的地址。 单击框中的【📷】（全部监视）按钮
8		双击【强制表】。 添加按钮的强制表

续表 5.11

序号	图片示例	操作步骤
9	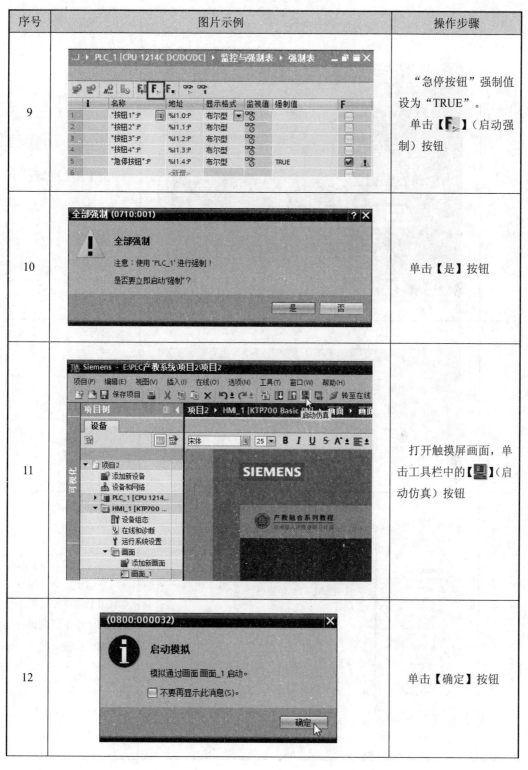	"急停按钮"强制值设为"TRUE"。单击【F▶】(启动强制)按钮
10		单击【是】按钮
11		打开触摸屏画面,单击工具栏中的【🖳】(启动仿真)按钮
12		单击【确定】按钮

续表 5.11

序号	图片示例	操作步骤
13	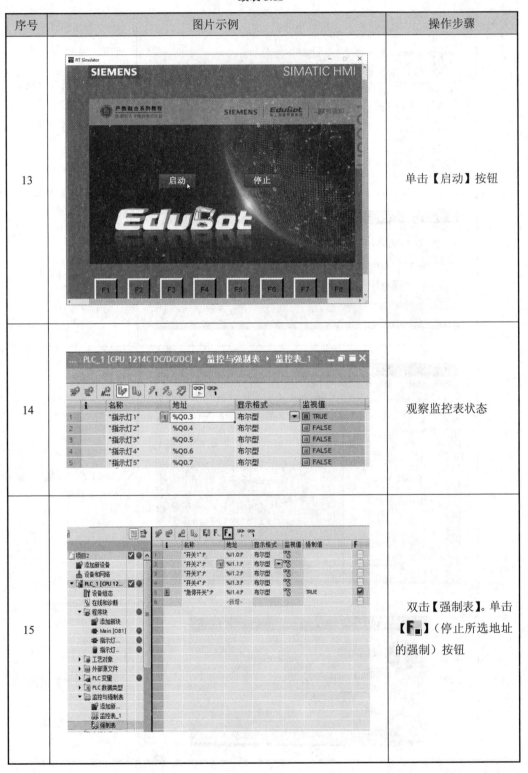	单击【启动】按钮
14		观察监控表状态
15		双击【强制表】。单击【F.】（停止所选地址的强制）按钮

5.4.6 项目总体运行

总体运行的操作步骤见表 5.12。

表 5.12 总体运行的操作步骤

序号	图片示例	操作步骤
1	Start Center / Transfer / Start / Settings	设备开机后，触摸屏画面出现"Start Center"界面，单击【Settings】按钮
2	Start Center / Transfer / Start / Settings — Settings / System / Service & Commissioning / Date & Time / Sounds / System Control/Info / Transfer, Network & Internet	单击【System Control/Info】按钮
3	Transfer / Start / Settings / System Control/Info / Autostart Runtime — Autostart Runtime / Autostart: ON / Wait: 2 sec. / 3 sec. / 5 sec. / 10 sec. / 15 sec.	单击"AutoStart"旁的【ON/OFF】按钮，切换至 ON 状态。"Wait"时间选择"5 sec."
4	Start Center / Transfer / Start / Settings — Transfer / Open channels / PROFINET / USB / Waiting for Transfer...	单击【Transfer】按钮，等待画面下载

续表 5.12

序号	图片示例	操作步骤
5	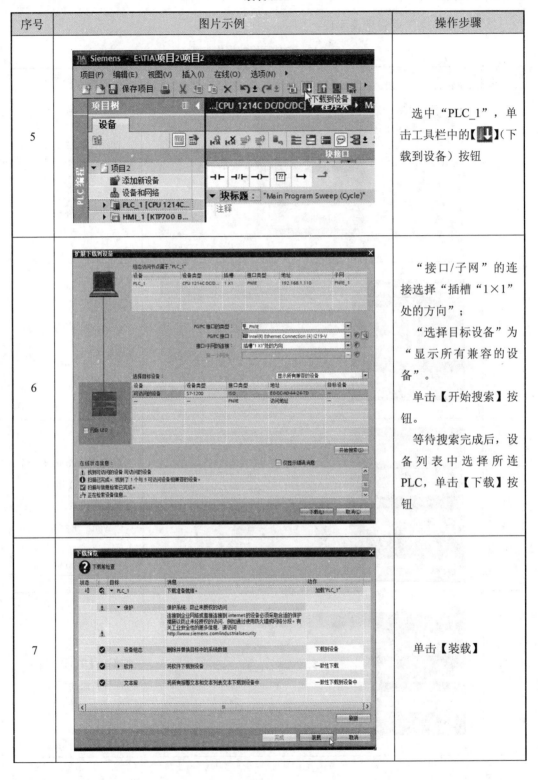	选中"PLC_1"，单击工具栏中的【↓】（下载到设备）按钮
6		"接口/子网"的连接选择"插槽"1×1"处的方向"； "选择目标设备"为"显示所有兼容的设备"。 单击【开始搜索】按钮。 等待搜索完成后，设备列表中选择所连PLC，单击【下载】按钮
7		单击【装载】

128

续表 5.12

序号	图片示例	操作步骤
8	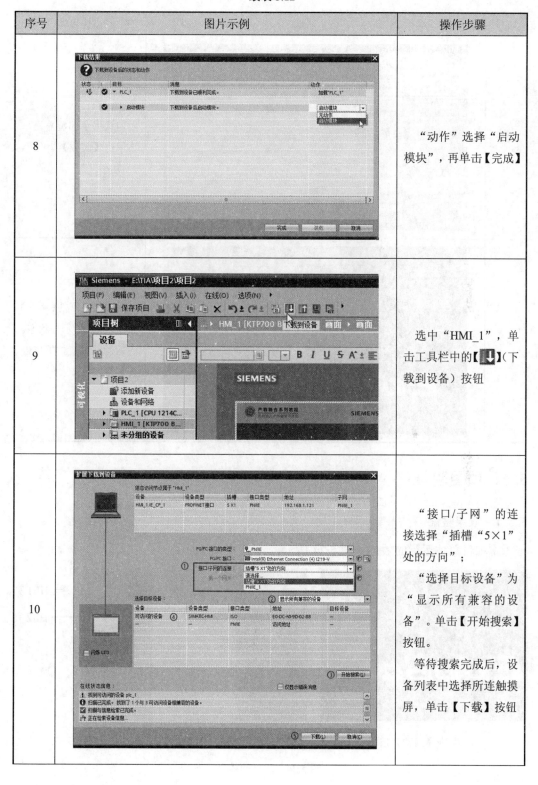	"动作"选择"启动模块",再单击【完成】
9		选中"HMI_1",单击工具栏中的【↓】(下载到设备)按钮
10		"接口/子网"的连接选择"插槽"5×1"处的方向"; "选择目标设备"为"显示所有兼容的设备"。单击【开始搜索】按钮。 等待搜索完成后,设备列表中选择所连触摸屏,单击【下载】按钮

续表 5.12

序号	图片示例	操作步骤
11	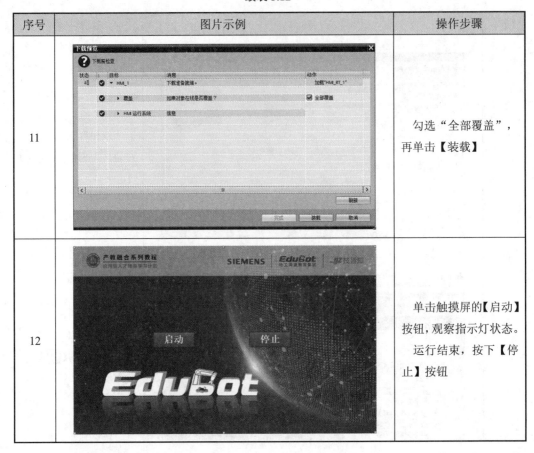	勾选"全部覆盖"，再单击【装载】
12		单击触摸屏的【启动】按钮，观察指示灯状态。运行结束，按下【停止】按钮

5.5 项目验证

5.5.1 效果验证

本项目总体运行的效果如图 5.24 所示。

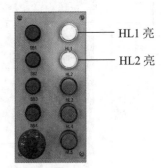

（a）单击【启动】按钮　　　（b）1 s 后，HL1 亮　　　（c）1 s 后，HL2 亮

图 5.24　运行的效果

（d）1 s后，HL1、HL2 熄灭　　　　（e）单击【停止】按钮，指示灯熄灭

续图 5.24

5.5.2　数据验证

用户可以通过观察监控表指示灯的状态，验证数据，如图 5.25 所示。

（a）按下【启动】按钮，1 s 延时后，指示灯 HL1 亮　　　（b）2 s 延时后，指示灯 HL2 亮

（c）3 s 延时后，指示灯熄灭　　　　（d）4 s 延时后，指示灯 HL1 再次点亮

图 5.25　监控表的数据

5.6　项目总结

5.6.1　项目评价

读者完成训练项目后，填写表 5.13 的项目评价表，包括自评、互评和完成情况说明。

表 5.13　项目评价表

项目指标		分值	自评	互评	完成情况说明
项目分析	1. 硬件架构分析	6			
	2. 软件架构分析	6			
	3. 项目流程分析	6			
项目要点	1. PROFINET 协议	8			
	2. 触摸屏应用基础	8			
	3. SR 触发器	8			
项目步骤	1. 应用系统连接	8			
	2. 应用系统配置	8			
	3. 主体程序设计	8			
	4. 关联程序设计	8			
	5. 项目程序调试	8			
	6. 项目运行调试	8			
项目验证	1. 效果验证	5			
	2. 数据验证	5			
合计		100			

5.6.2　项目拓展

本拓展项目的内容为利用 PLC 产教应用系统，实现以不同模式点亮指示灯的功能。在触摸屏上绘制 3 个按钮，如图 5.26 所示，"启动 1" 按钮实现所有指示灯延时点亮，即 HL1～HL5 依次点亮；"启动 2" 按钮实现指示灯 HL1～HL5 同时点亮；"停止" 按钮熄灭所有指示灯。指示灯如图 5.27 所示。

注意：编写程序时，不要出现双线圈。

图 5.26　触摸屏画面

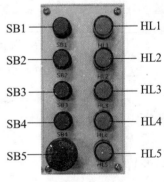

图 5.27　指示灯

第6章 基于电子手轮的高速计数项目

6.1 项目目的

6.1.1 项目背景

※ 高速计数项目目的

随着自动化行业快速发展，机床行业的进给轴、主轴已经实现了电气化，由伺服电机替代了人力来驱动滑台。相应地，电子手轮也替代了机械手轮作为伺服轴的操作部件，如图6.1所示。

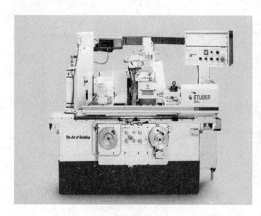

（a）数控车床   （b）电子手轮

图6.1 数控车床的应用

电子手轮即手摇脉冲发生器，本质是一种旋转编码器，它是一种将机械运动转变为电脉冲输出的高精密器件。机床控制器通过高速计数器功能实现对编码器数据的采集，从而控制外部轴运动。

PLC 一般都具有高速脉冲计数功能，其通过对外部信号进行检测和捕捉，实现位置计算和检测等功能。电子手轮作为典型的脉冲产生装置，在工业中被广泛应用。电子手轮的脉冲频率一般比 PLC 扫描频率高，为了更精确地对脉冲进行计数，需要使用 PLC 内部的高速计数器 HSC（High Speed Counter）。电子手轮计数系统如图6.2所示。

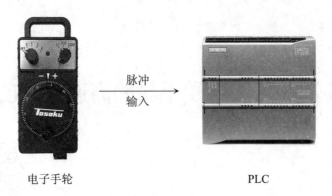

电子手轮   PLC

图 6.2　电子手轮计数系统

6.1.2　项目需求

　　本项目通过 PLC 采集电子手轮的脉冲数据，项目的硬件需求架构如图 6.3（a）所示，触摸屏画面构思如图 6.3（b）所示。本项目要求在触摸屏上实现脉冲计数值的实时变化，还可以使用【清零】按钮将计数值清零。

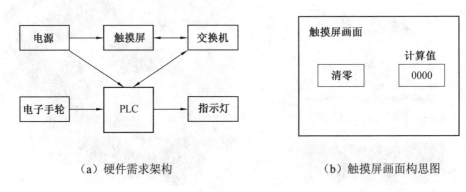

（a）硬件需求架构   （b）触摸屏画面构思图

图 6.3　项目需求图

6.1.3　项目目的

　　通过对 PLC 高速计数器的学习，可以实现以下学习目标。

（1）了解编码器的脉冲形式。

（2）学习 S7-1200 高速计数器的种类和计数方式。

（3）学习 S7-1200 高速计数器的设置方法。

（4）学习 S7-1200 移动值指令。

6.2　项目分析

6.2.1　项目构架

　　本项目为基于电子手轮的高速计数应用，需要使用 PLC 产教应用系统中的开关电源模块、PLC 模块、触摸屏模块、交换机模块、电子手轮模块，开关电源模块为系统提供 24 V 电源，项目构架如图 6.4 所示。

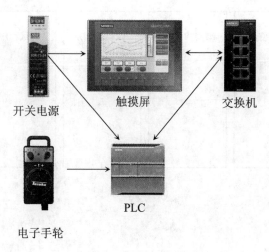

图 6.4 项目构架图

本项目的初始状态为电子手轮位于"0"位，当转动电子手轮后触摸屏显示当前计数值，按下触摸屏清零按钮后，计数值清零。本项目的顺序功能如图 6.5 所示。

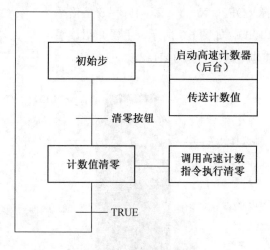

图 6.5 顺序功能图

6.2.2 项目流程

本项目实施流程如图 6.6 所示。

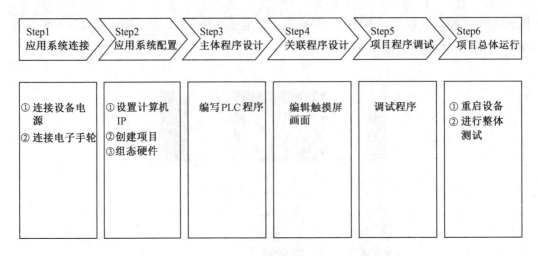

图 6.6　实施流程图

6.3　项目要点

6.3.1　电子手轮

　　本项目使用 Tosoku 电子手轮，脉冲为 100 PPR（Pulse Per Revolution，每转的脉冲数，可简写为 Pulse 或 PPR），该手轮拥有 5 档轴选择（OFF、X、Y、Z、4）和 3 档倍率选择（×1、×10 和×100），如图 6.7 所示。主要介绍该手轮的编码器特性。最高响应频率为 20 kHz。

※ 高速计数项目要点

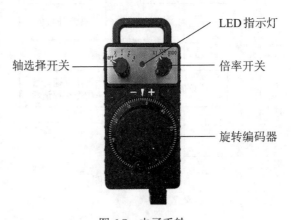

图 6.7　电子手轮

　　手轮的编码器通常为增量式编码器，主要由光源、码盘、检测光栅、光电检测器件和转换电路组成，如图 6.8 所示。

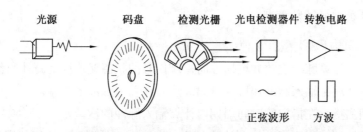

图 6.8　增量式编码器的内部结构

码盘上刻有节距相等的辐射状透光缝隙，相邻 2 个透光缝隙之间代表 1 个增量周期；检测光栅上刻有 A、B 两组与码盘相对应的透光缝隙，它们的节距和码盘上的节距相等，并且两组透光缝隙错开 1/4 节距，使得光电检测器件输出的信号在相位上相差 90° 电度角，如图 6.9 所示。当码盘随着被测转轴转动时，检测光栅不动，光线透过码盘和检测光栅上的透过缝隙照射到光电检测器件上，光电检测器件就输出两组相位相差 90° 电度角的矩形波电信号。

137

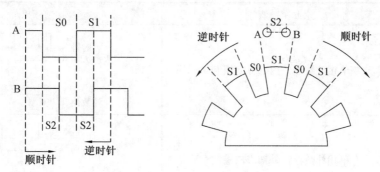

图 6.9　透光缝隙

6.3.2　高速计数器介绍

西门子 S7-1200 系列 PLC 拥有多个高速计数器，本项目使用固件版本号为 V4.2 的 CPU1214C DC/DC/DC，该型号 PLC 的 CPU 提供了最多 6 个高速计数器。用户可自行选择高速计数的硬件输入接口，各输入通道和可测量的脉冲频率的对照表见表 6.1。

表 6.1　各输入通道和可测量的脉冲频率的对照表

设备		输入通道	单相或双相位模式	A/B 相正交相位模式
CPU	CPU 1214C（DC/DC/DC）	DIa.0～DIa.5	100 kHz	80 kHz
		DIa.6～DIa.7	30 kHz	20 kHz
		DIb.0～DIb.5	30 kHz	20 kHz
信号板	SB1221 200K	DIe.0～DIe.3	200 kHz	160 kHz
	SB1223 200K	DIe.0～DIe.1	200 kHz	160 kHz
	SB1223	DIe.0～DIe.1	30 kHz	20 kHz

1. 高速计数器的计数类型

高速计数器的计数类型有 4 种：

（1）计数：计算脉冲次数并根据方向控制信号的状态递增或递减计数值。

（2）频率：测量输入脉冲和持续时间，然后计算出脉冲的频率。

（3）周期测量：在指定的时间周期内计算输入脉冲的次数。

（4）运动控制：用于运动控制计数对象，当选用此类型时，不能使用高速计数器指令。

2. 高速计数器工作模式

在固件版本号为 V4.0 及以上的 S7-1200 系列 PLC 中，高速计数器有 5 种工作模式，见表 6.2。高速计数功能所能支持的输入电压为 24 V DC，目前不支持 5 V DC 的脉冲输入。本项目使用 A/B 相计数。

表 6.2　高速计数器工作模式

序号	工作模式	计数效果
1	单相计数器，内部方向控制	
2	单相计数器，外部方向控制	
3	双相增/减计数器，双脉冲输入	
4	A/B 相计数	
5	A/B 相计数四倍频 （计数值为 A/B 相计数的 4 倍）	

3. 高速计数器寻址

S7-1200 系列 PLC 的 CPU 将每个高速计数器的测量值，存储在输入过程映像区内，数据类型为 32 位有符号双整型（DINT）。可以在设备组态中修改高速计数器的地址，还可以在程序中直接访问这些地址，高速计数器的默认地址见表 6.3。

表 6.3　高速计数器的默认地址

高速计数器号	数据类型	默认地址
HSC1	DINT	ID1000
HSC2	DINT	ID1004
HSC3	DINT	ID1008
HSC4	DINT	ID1012
HSC5	DINT	ID1016
HSC6	DINT	ID1020

由于过程映像区受扫描周期影响，在一个扫描周期内，存储地址中的计数值不会发生变化，但高速计数器中的实际值有可能会在一个周期内变化，用户可通过在地址后面加上 ":P"，直接读取到当前时刻的实际值，如 "ID1000:P"。

4. 输入滤波

为了减少工业现场毛刺信号对 PLC 数字输入的干扰，PLC 的数字输入都会通过输入滤波器进行滤波，如果电子手轮转动时的脉冲周期小于 PLC 数字输入通道的滤波时间，则 HSC 无法检测到正常的脉冲信号。因此需要将 HSC 的对应数字输入通道的滤波时间设置为合适的值。输入滤波器时间和可检测到的最大输入频率对应的关系见表 6.4，其中 millisec 为毫秒（ms），microsec 为微秒（μs）。

表 6.4　每种输入滤波组态的最大输入频率

输入滤波器时间	可检测到的最大输入频率	输入滤波器时间	可检测到的最大输入频率
0.05 millisec	10 kHz	0.1 microsec	1 MHz
0.1 millisec	5 kHz	0.2 microsec	1 MHz
0.2 millisec	2.5 kHz	0.4 microsec	1 MHz
0.4 millisec	1.25 kHz	0.8 microsec	625 kHz
0.8 millisec	625 Hz	1.6 microsec	312 kHz
1.6 millisec	312 Hz	3.2 microsec	156 kHz
3.2 millisec	156 Hz	6.4 microsec	78 kHz
6.4 millisec	78 Hz	10 microsec	50 kHz
10 millisec	50 Hz	12.8 microsec	39 kHz
12.8 millisec	39 Hz	20 microsec	25 kHz
20 millisec	25 Hz		

本项目电子手轮最高频率为 20 kHz，因此选择 20 microsec（即 20 μs），以 I0.2 的输入滤波设置为例，需要依次单击【PLC 属性】→【DI 14/DQ 10】→【数字量输入】→【通道 2】，然后在"输入滤波器"中选择"20 microsec"，如图 6.10 所示。

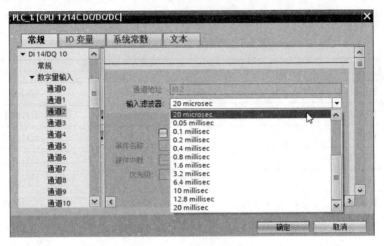

图 6.10　输入滤波设置

6.3.3　高速计数器指令

高速计数器指令块，需要使用指定背景数据块用于存储参数。表 6.5 为高速计数器指令。

表 6.5　高速计数器指令

指令	参数	数据类型	说　明
CTRL_HSC EN　ENO HSC　BUSY DIR　STATUS CV RV PERIOD NEW_DIR NEW_CV NEW_RV NEW_PERIOD	EN	BOOL	使能输入
	ENO	BOOL	使能输出
	HSC	HW_HSC	高速计数器的硬件地址（HW-ID）
	DIR	BOOL	启用新的计数方向
	CV	BOOL	启用新的计数值
	RV	BOOL	启用新的参考值
	PERIOD	BOOL	启用新的频率测量周期 （请参见 NEW_PERIOD）
	NEW_DIR	INT	DIR = TRUE 时装载的计数方向
	NEW_CV	DINT	CV = TRUE 时装载的计数值
	NEW_RV	DINT	RV = TRUE 时的装载参考值
	NEW_PERIOD	INT	PERIOD = TRUE 时装载的频率测量周期
	BUSY	BOOL	处理状态
	STATUS	WORD	运行状态

其中 HSC 接口的硬件地址位于【PLC 属性】→【系统常数】，本项目使用 HSC1 高速计数器，即 HSC1 的硬件地址为 257，如图 6.11 所示。

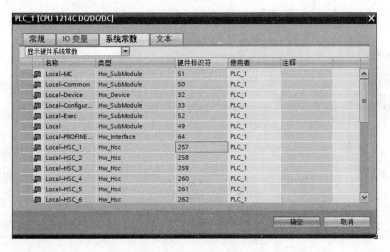

图 6.11　HSC 接口的硬件地址

6.3.4　移动值指令

可以使用"MOVE"移动值指令，将 IN 输入处操作数中的内容传送给 OUT1 输出的操作数中，指令参数说明见表 6.6。始终沿地址升序方向进行传送。

表 6.6　Move 指令

指令	参数	声明	数据类型	说明
	EN	Input	BOOL	使能输入
	ENO	Output	BOOL	使能输出
MOVE EN — ENO IN ⁂ OUT1	IN	Input	字符串中的字符、整数、浮点数、定时器、日期时间、CHAR、WCHAR、STRUCT、ARRAY、IEC 数据类型、PLC 数据类型（UDT）	源值
	OUT1	Output		传送源值中的操作数

6.4　项目步骤

6.4.1　应用系统连接

本项目基于 PLC 产教应用系统开展，系统内部电路已完成连接，PLC 数字 I/O 部分的电气原理图如图 6.12 所示，实物连线图如图 6.13 所示。

❋ 高速计数项目步骤

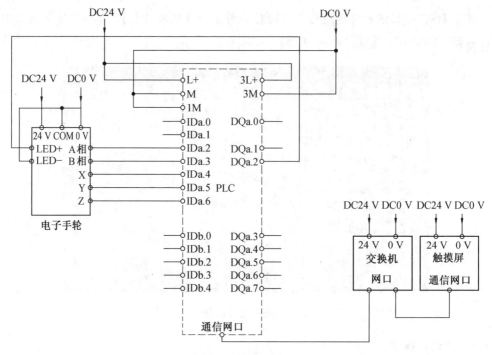

图 6.12 电气原理图

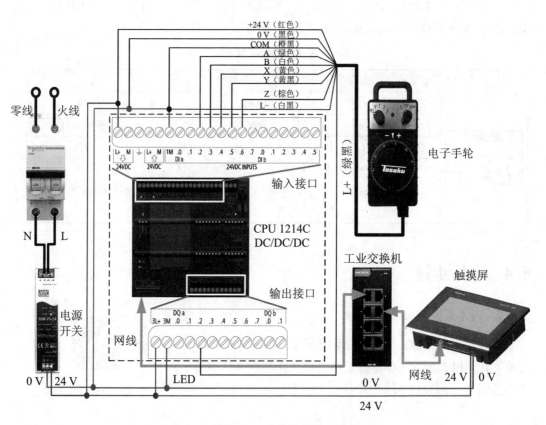

图 6.13 实物连线图

6.4.2　应用系统配置

1. 设置计算机 IP

本项目所有网络设备的 IP 地址设置在 192.168.1.1～192.168.1.254 网段，因此将电脑网卡的 IP 地址改为 192.168.1.200，如图 6.14 所示。

图 6.14　网卡的 IP 地址

2. 项目创建

本项目需要创建名称为"项目 3"的项目文件，添加硬件 CPU 1214C DC/DC/DC（订货号：6ES7 214-1AG40-0XB0）和 KTP700 Basic PN（订货号：6AV2 123-2GB03-0AX0）。添加后进入项目视图，如图 6.15 所示。

图 6.15　项目创建

3. PLC 和触摸屏的设置

在完成项目创建后，需要设置 PLC 的 I/O 和 IP 地址以及触摸屏的 IP 地址，以及启用高速计数器，属性设置的操作步骤见表 6.7。

表 6.7　属性设置的操作步骤

序号	图片示例	操作步骤
1	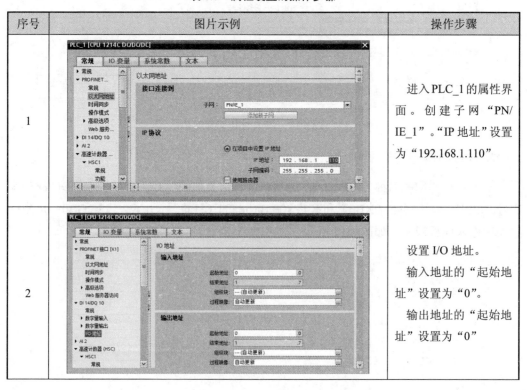	进入 PLC_1 的属性界面。创建子网"PN/IE_1"。"IP 地址"设置为"192.168.1.110"
2		设置 I/O 地址。输入地址的"起始地址"设置为"0"。输出地址的"起始地址"设置为"0"

续表 6.7

序号	图片示例	操作步骤
3	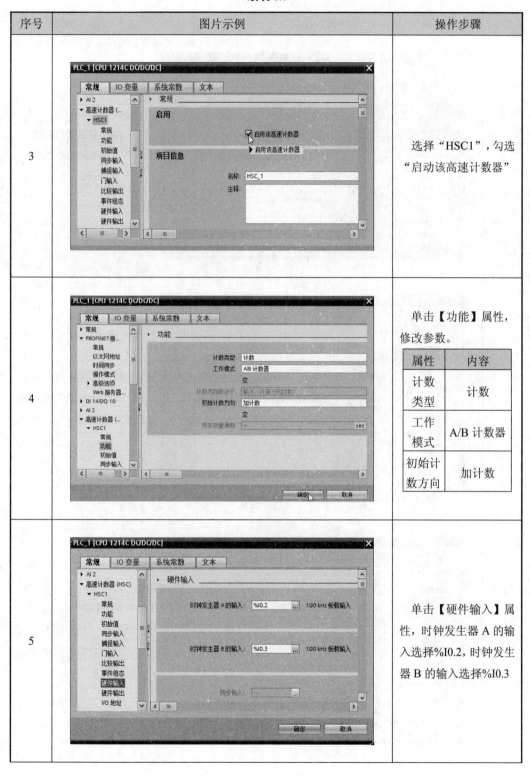	选择"HSC1",勾选"启动该高速计数器"
4		单击【功能】属性,修改参数。 下表属性内容
5		单击【硬件输入】属性,时钟发生器 A 的输入选择%I0.2,时钟发生器 B 的输入选择%I0.3

第 4 行操作步骤中的表格：

属性	内容
计数类型	计数
工作模式	A/B 计数器
初始计数方向	加计数

145

续表 6.7

序号	图片示例	操作步骤
6		输入通道 2（I0.2）的"输入滤波器"修改为"20 microsec"
7		输入通道 3（I0.3）的"输入滤波器"修改为"20 microsec"
8		展开【防护与安全】，单击【访问级别】。勾选"完全访问权限（无任何保护）"

续表 6.7

序号	图片示例	操作步骤
9	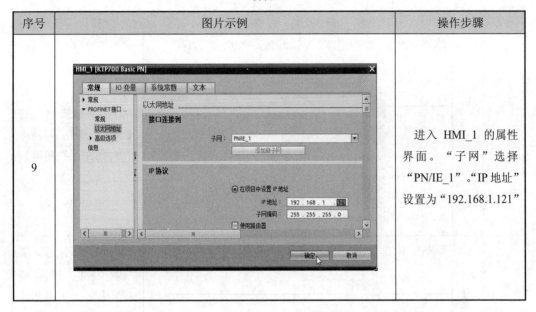	进入 HMI_1 的属性界面。"子网"选择 "PN/IE_1"。"IP 地址" 设置为"192.168.1.121"

4. 内部存储器变量设置

触摸屏上需要显示计数值以及清零按钮，需要在编写主程序前设置好内部存储器变量，如图 6.16 所示。

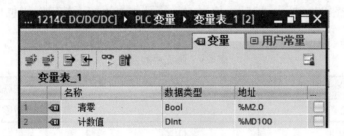

图 6.16　内部存储器变量表

6.4.3　主体程序设计

本项目的主体程序是名称为"main"的 OB1 组织块。"main"组织块用于高速计数器的计数值处理，主体程序内设计的操作步骤表 6.8。

表 6.8　主体程序设计的操作步骤

序号	图片示例	操作步骤
1	程序段 1： 注释 %DB1 "CTRL_HSC_0_DB" CTRL_HSC EN　　　　ENO 257 — HSC　　BUSY — False False — DIR　　STATUS — 16#0 %M2.0 "清零" CV False — RV False — PERIOD 0 — NEW_DIR 0 — NEW_CV 0 — NEW_RV 0 — NEW_PERIOD	当按下触摸屏上的【清零】按钮，将高速计数器的计数值清零
2	程序段 2： 注释 MOVE EN — END %ID1000:P　　　　%MD100 "Tag_10":P — IN ✦ OUT1 — "计数值"	将高速计数值"ID1000:P"传输到"MD100"中，并在触摸屏上显示

6.4.4　关联程序设计

　　本项目的关联程序为触摸屏画面。首先在 PLC 中创建 2 个变量，见表 6.9，然后在触摸屏中绘制一个名称为"清零"的按钮和用于显示计数值的 I/O 域，如图 6.17 所示。

　　"清零"按钮的字号为"25"，使用的系统函数为"按下按键时置位位"，如图 6.18 所示。

表 6.9　画面中的变量

地址	数据类型	关联对象
M2.0	BOOL	"清零"按钮
MD100	DINT	计数值 I/O 域

图 6.17　触摸屏画面

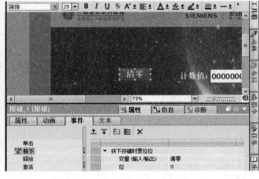

图 6.18　"清零"按钮的设置

下面介绍计数值显示框的绘制步骤，分为添加文本域和添加 I/O 域。

1. 添加文本域

添加文本域，见表 6.10。

表 6.10 添加文本域的操作步骤

序号	图片示例	操作步骤
1	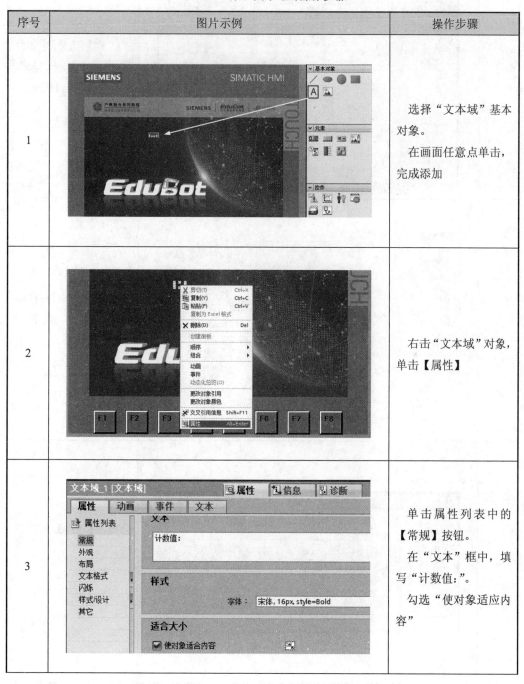	选择"文本域"基本对象。 在画面任意点单击，完成添加
2		右击"文本域"对象，单击【属性】
3		单击属性列表中的【常规】按钮。 在"文本"框中，填写"计数值:"。 勾选"使对象适应内容"

续表 6.10

序号	图片示例	操作步骤
4	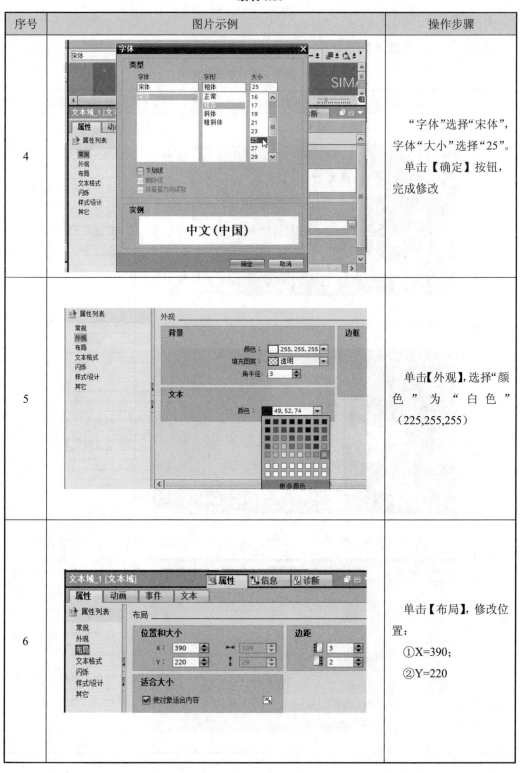	"字体"选择"宋体"，字体"大小"选择"25"。单击【确定】按钮，完成修改
5		单击【外观】，选择"颜色"为"白色"（225,255,255）
6		单击【布局】，修改位置： ①X=390； ②Y=220

2. 添加 I/O 域

添加 I/O 域的操作步骤，见表 6.11。

表 6.11 添加 I/O 域的操作步骤

序号	图片示例	操作步骤
1	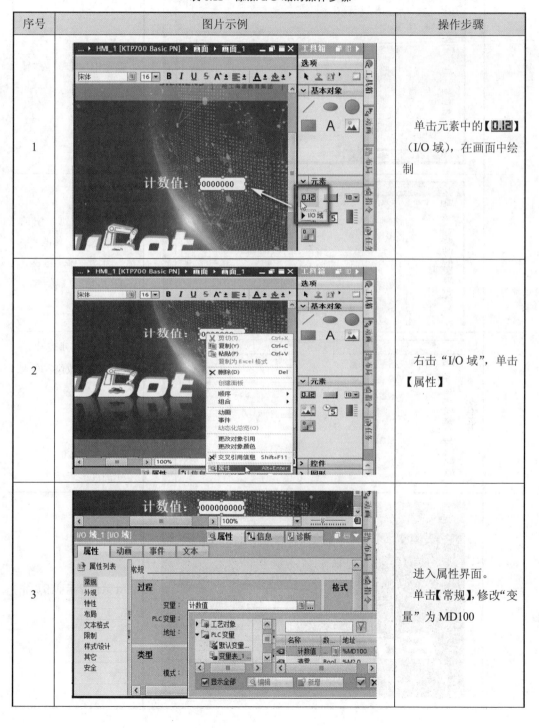	单击元素中的【**0.12**】（I/O 域），在画面中绘制
2		右击 "I/O 域"，单击【属性】
3		进入属性界面。 单击【常规】，修改"变量"为 MD100

续表 6.11

序号	图片示例	操作步骤
4	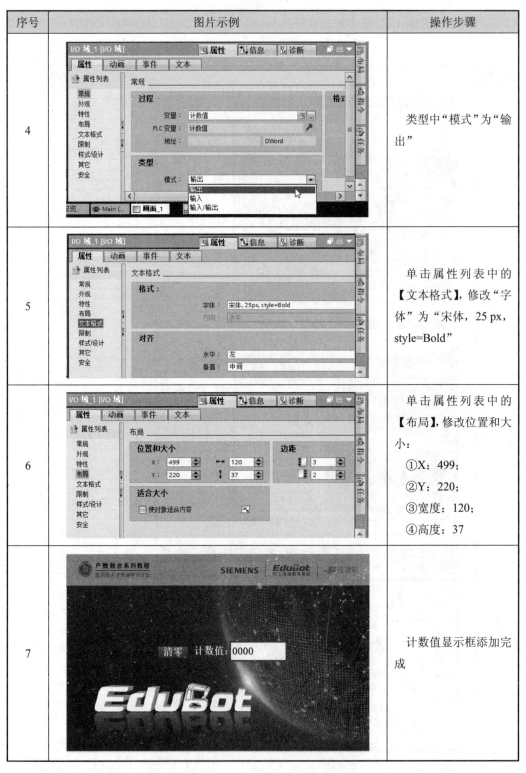	类型中"模式"为"输出"
5		单击属性列表中的【文本格式】，修改"字体"为"宋体，25 px，style=Bold"
6		单击属性列表中的【布局】，修改位置和大小：①X：499；②Y：220；③宽度：120；④高度：37
7		计数值显示框添加完成

6.4.5　项目程序调试

通过强制表和监控表调试程序，调试的操作步骤见表 6.12。

表 6.12　程序调试的操作步骤

序号	图片示例	操作步骤
1	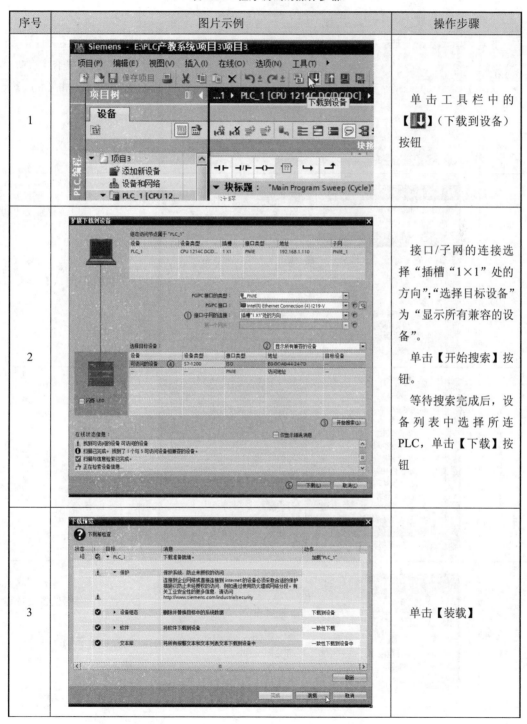	单击工具栏中的【↓】（下载到设备）按钮
2		接口/子网的连接选择"插槽"1×1"处的方向"；"选择目标设备"为"显示所有兼容的设备"。 单击【开始搜索】按钮。 等待搜索完成后，设备列表中选择所连PLC，单击【下载】按钮
3		单击【装载】

续表 6.12

序号	图片示例	操作步骤
4	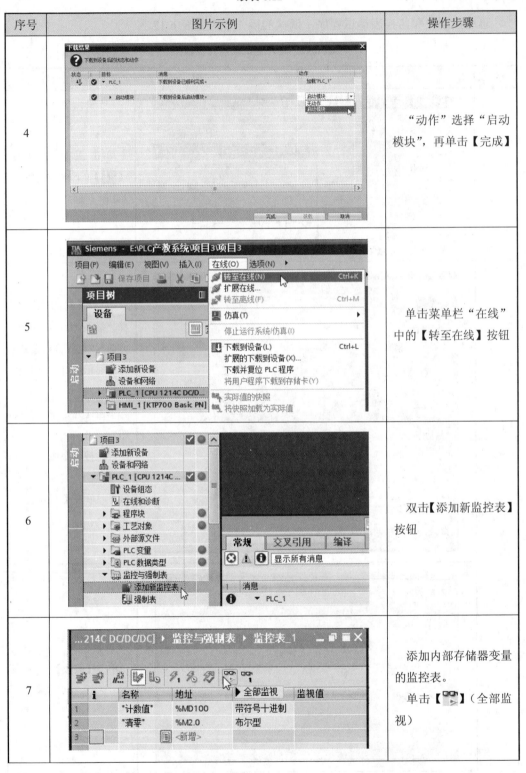	"动作"选择"启动模块"，再单击【完成】
5		单击菜单栏"在线"中的【转至在线】按钮
6		双击【添加新监控表】按钮
7		添加内部存储器变量的监控表。 单击【 】（全部监视）

续表 6.12

序号	图片示例	操作步骤
8	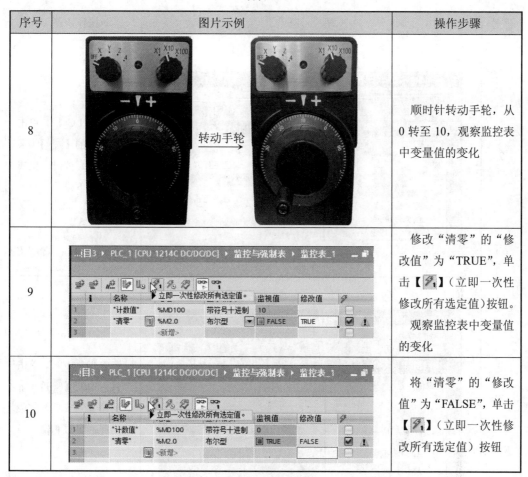 转动手轮	顺时针转动手轮,从 0 转至 10,观察监控表中变量值的变化
9	...目3 ▶ PLC_1 [CPU 1214C DC/DC/DC] ▶ 监控与强制表 ▶ 监控表_1　　立即一次性修改所有选定值。 名称 / "计数值" %MD100 带符号十进制 10 / "清零" %M2.0 布尔型 ☐ FALSE TRUE ☑ ! / <新增>	修改"清零"的"修改值"为"TRUE",单击【⚡₁】(立即一次性修改所有选定值)按钮。观察监控表中变量值的变化
10	...目3 ▶ PLC_1 [CPU 1214C DC/DC/DC] ▶ 监控与强制表 ▶ 监控表_1　　立即一次性修改所有选定值。 名称 / "计数值" %MD100 带符号十进制 0 / "清零" %M2.0 布尔型 ☐ TRUE FALSE ☑ ! / <新增>	将"清零"的"修改值"为"FALSE",单击【⚡₁】(立即一次性修改所有选定值)按钮

6.4.6　项目总体运行

总体运行的操作步骤见表 6.13。

表 6.13　总体运行的操作步骤

序号	图片示例	操作步骤
1	Start Center / ⇄ Transfer / ▶ Start / ▭ Settings / System Control/Info / Autostart Runtime / Access Protection / License Info / Autostart Runtime　Autostart: ON　Wait: 1 sec. 2 sec. 3 sec. 5 sec. 10 sec. 15 sec.	设备开机后,设置触摸屏自动启动等待时间。 "Wait"时间选择"5 sec.";设置完成后单击【Transfer】按钮

155

续表 6.13

序号	图片示例	操作步骤
2	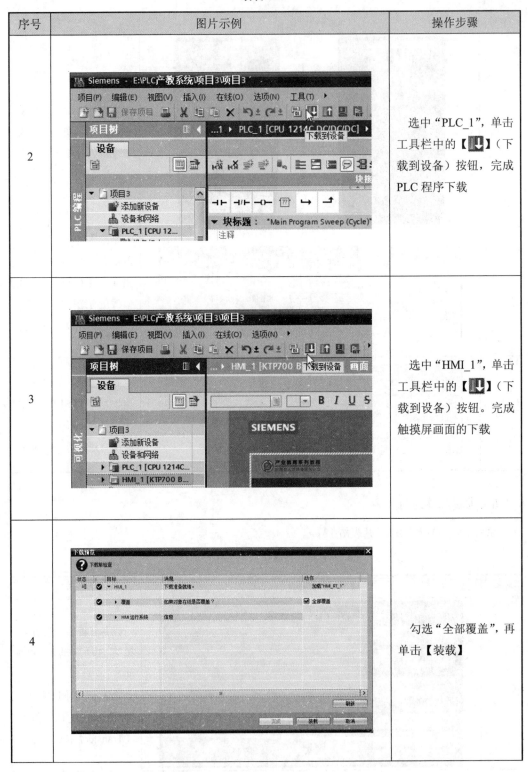	选中"PLC_1"，单击工具栏中的【↓】（下载到设备）按钮，完成 PLC 程序下载
3		选中"HMI_1"，单击工具栏中的【↓】（下载到设备）按钮。完成触摸屏画面的下载
4		勾选"全部覆盖"，再单击【装载】

续表 6.13

序号	图片示例	操作步骤
5	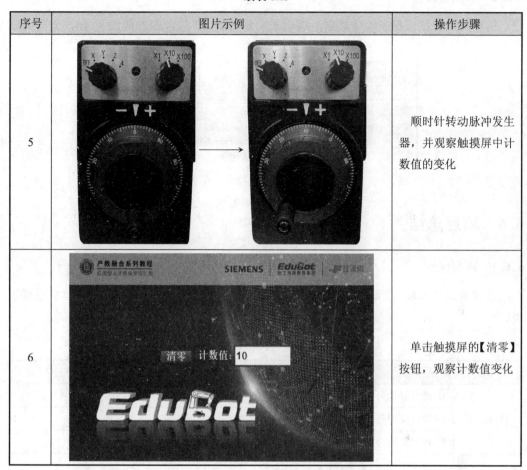	顺时针转动脉冲发生器,并观察触摸屏中计数值的变化
6		单击触摸屏的【清零】按钮,观察计数值变化

6.5 项目验证

6.5.1 效果验证

设备运行的效果如图 6.19 所示。

计数值: 10   清零   计数值: 0

(a)电子手轮顺时针转动到 10 (b)触摸屏计数值变为 10 (c)按下"清零"按钮 (d)计数值变为 0

图 6.19 运行的效果

6.5.2 数据验证

用户可以通过监控表验证数据，将电子手轮转到 10 后，监视值变为 10，如图 6.20 所示。

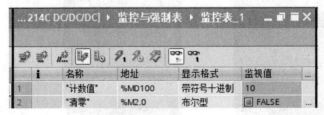

图 6.20　监控表

6.6　项目总结

6.6.1　项目评价

读者完成训练项目后，需要填写表 6.14 的项目评价表，包括自评、互评和完成情况说明。

表 6.14　项目评价表

项目指标		分值	自评	互评	完成情况说明
项目分析	1. 硬件架构分析	6			
	2. 软件架构分析	6			
	3. 项目流程分析	6			
项目要点	1. 电子手轮	6			
	2. 高速计数器介绍	6			
	3. 高速计数器指令	6			
	4. 移动指令	6			
项目步骤	1. 应用系统连接	8			
	2. 应用系统配置	8			
	3. 主体程序设计	8			
	4. 关联程序设计	8			
	5. 项目程序调试	8			
	6. 项目运行调试	8			
项目验证	1. 效果验证	5			
	2. 数据验证	5			
合计		100			

6.6.2 项目拓展

本拓展项目的内容为利用 PLC 产教应用系统,实现以"A/B 计数器四倍频"模式进行电子手轮脉冲计数的功能,设备如图 6.21 所示。用户需要修改工作模式为"A/B 计数器四倍频",模式设置如图 6.22 所示,完成程序下载后,观察电子手轮的脉冲数的变化。

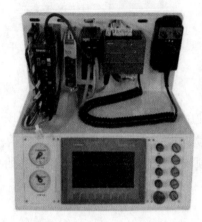

图 6.21 PLC 产教应用系统设备   图 6.22 计数模式设置

第7章 基于脉冲控制的步进定位项目

7.1 项目目的

7.1.1 项目背景

❋ 步进定位项目目的

步进电机适合要求运行平稳、低噪音、响应快、使用寿命长、高输出扭矩的应用场合，广泛应用于 ATM 机、喷绘机、刻字机、写真机、喷涂设备、医疗仪器及设备、计算机外设及海量存储设备、精密仪器、工业控制系统等领域。步进电机应用的典型产品如使用了步进电机的载物台，产品图片如图 7.1 所示。

图 7.1　载物台中的步进电机

步进电机的控制系统是由控制器、步进驱动器和步进电机组成。基于 PLC 的步进电机运动控制系统，如图 7.2 所示，步进电机的运动控制是指 PLC 通过输出脉冲对步进电机的运动方向、运动速度和运动的距离进行控制，实现对步进电机动作的准确定位。

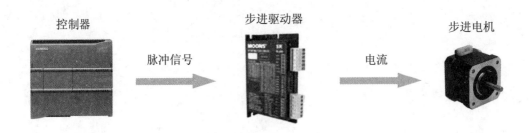

图 7.2　步进电机控制系统

7.1.2　项目需求

本项目要求将按钮、步进电机驱动器与 PLC 连接，如图 7.3（a）所示。通过触摸屏启动和停止步进电机，并在触摸屏画面中显示电机的位置值和速度值，画面构思如图 7.3（b）所示。本项目的内容为使用按钮实现步进电机转动 180° 的定位运动。

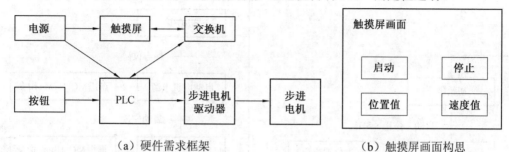

（a）硬件需求框架　　　　　　（b）触摸屏画面构思

图 7.3　项目需求

7.1.3　项目目的

通过对步进电机定位项目的学习，可以实现以下学习目标。

（1）了解步进电机的原理和控制方法。

（2）学习 S7-1200 工艺对象的控制方法与指令。

7.2　项目分析

7.2.1　项目构架

本项目为基于脉冲控制的步进定位项目，需要使用 PLC 产教应用系统中的开关电源模块、PLC 模块、触摸屏模块、交换机模块、按钮模块、步进电机驱动器模块和步进电机模块，开关电源模块为系统提供 24 V 电源，项目构架如图 7.4 所示。

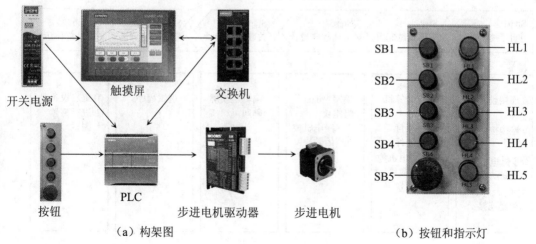

（a）构架图　　　　　　　　（b）按钮和指示灯

图 7.4　项目构架

本项目的初始状态为未按下触摸屏停止按钮，并且未触发急停按钮 SB5；当按下触摸屏启动按钮后启动运行标志并启动电机原点回归；当按下触摸屏停止按钮或者触发急停按钮 SB5 时，则取消运行标志；当按下按钮 SB1，电机开始运动。本项目的程序流程图如图 7.5 所示。

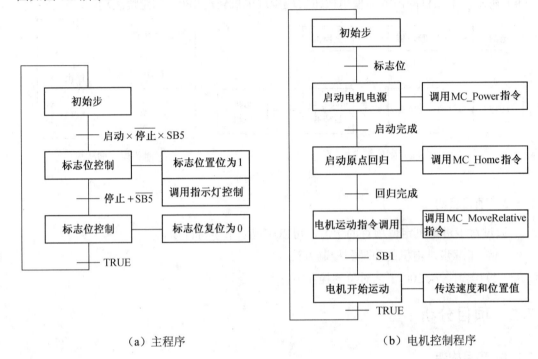

（a）主程序　　　　　　　　　　　　　（b）电机控制程序

图 7.5　程序流程

7.2.2　项目流程

本项目实施流程如图 7.6 所示。

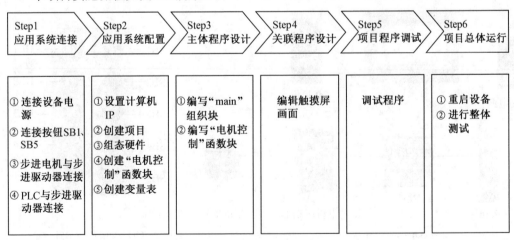

图 7.6　实施流程

7.3 项目要点

7.3.1 步进系统设置

步进系统由控制器、步进驱动器和步进电机三部分组成。步进系统的设置分为步进驱动器的参数设置和机械系统的识别。

❋ 步进定位项目要点

1. 步进驱动器的参数设置

本项目使用 DM430 细分型两相混合式步进电机驱动器，电流设定范围 0.1～3.0 A，细分设定范围 200～20 000，拥有 8 个拨码开关，其中 SW1～SW4 为电流拨码开关，SW5～SW8 为驱动器上的细分拨码开关。步进驱动器的外形及其接口说明如图 7.7 所示。

接口	说明
ENA−/ENA+	使能信号
DIR−	方向信号，用于改变电机转向
DIR+	
PUL−	脉冲信号
PUL+	
B−/B+	电机 B 相
A−/A+	电机 A 相
DC−/DC+	驱动器电源 DC24 V
SW1～SW4	电流设置（拨码开关）
SW5～SW8	细分设置（拨码开关）

图 7.7 步进驱动器的外形及其接口说明

该款步进驱动器支持的电流技术参数见表 7.1，通过电流拨码开关 SW1～SW4 的不同组合，可以选择所需要的电机电流。电流参数的公式是 Peak=RMS×1.4，其中 RMS 为均值电流，Peak 为峰值电流。本项目的步进电机电流为 1.3 A，即选择 RMS=1.3 A。

支持细分技术参数见表 7.2，细分表示电机转 1 圈，驱动器输出的脉冲数。其中 SW5～SW8 为驱动器上的细分拨码开关，Pulse/rev 为每转脉冲数。本项目使用 2 000 Pulse/rev。

表 7.1　电流技术参数

Peak	RMS	SW1	SW2	SW3	SW4
0.14 A	0.1 A	ON	ON	ON	ON
0.28 A	0.2 A	OFF	ON	ON	ON
0.42 A	0.3 A	ON	OFF	ON	ON
0.60 A	0.5 A	OFF	OFF	ON	ON
0.84 A	0.6 A	ON	ON	OFF	ON
0.98 A	0.7 A	OFF	ON	OFF	ON
1.12 A	0.8 A	ON	OFF	OFF	ON
1.40 A	1.0 A	OFF	OFF	OFF	ON
1.68 A	1.2 A	ON	ON	ON	OFF
1.82 A	1.3 A	OFF	ON	ON	OFF
2.10 A	1.5 A	ON	OFF	ON	OFF
2.24 A	1.6 A	OFF	OFF	ON	OFF
2.38 A	1.7 A	ON	ON	OFF	OFF
2.52 A	1.8 A	OFF	ON	OFF	OFF
2.80 A	2.0 A	ON	OFF	OFF	OFF
3.00 A	2.2 A	OFF	OFF	OFF	OFF

表 7.2　细分技术参数

Pulse/rev	SW5	SW6	SW7	SW8	Pulse/rev	SW5	SW6	SW7	SW8
200	ON	ON	ON	ON	1 000	ON	ON	ON	OFF
400	OFF	ON	ON	ON	2 000	OFF	ON	ON	OFF
800	ON	OFF	ON	ON	4 000	ON	OFF	ON	OFF
1 600	OFF	OFF	ON	ON	5 000	OFF	OFF	ON	OFF
3 200	ON	ON	OFF	ON	7 200	ON	ON	OFF	OFF
3 600	OFF	ON	OFF	ON	8 000	OFF	ON	OFF	OFF
6 400	ON	OFF	OFF	ON	10 000	ON	OFF	OFF	OFF
12 800	OFF	OFF	OFF	ON	20 000	OFF	OFF	OFF	OFF

2. 机械系统的识别

　　在设置 PLC 组态前，为了确认系统位移量，需了解负载侧的机械结构和步进电机的基础步进角，以及步进电机驱动器的细分数。下面举例两种机械结构的位移量设置，假设步进电机的基础步进角为 1.8°，选择细分脉冲数为 2 000 Pulse/rev。计算后的位移量见表 7.3。

表 7.3　计算后的位移量

序号	描述	机械系统	
		滚珠丝杠	圆盘
1	机械系统示意图	负载轴　工件　滚珠丝杠的螺距：6 mm	负载轴　电机
2	识别机械系统	滚珠丝杠的节距：6 mm 减速比：1∶1（联轴器）	旋转角度：360° 减速比：3∶1
3	负载轴每转的位移量	6 mm	360°
4	电机每转负载的位移量	6/1 = 6 mm	360/3 = 120°
5	一个脉冲负载的位移量	6/1/2 000=0.03 mm	360/3/2 000=0.06°

　　本项目使用分度盘机械结构，由于分度盘通过联轴器直接安装在电机轴上，其机械系统示意图如图 7.8（a）所示，因此减速比为 1∶1。本项目的步进电机步进角为 1.8°，电流为 1.3 A，细分脉冲为 2000 Pulse/rev，拨码开关设置如图 7.8（b）所示。根据上述条件可知，本项目 1 个脉冲负载侧转动的角度为 0.18°。

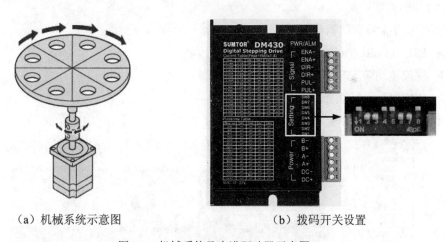

（a）机械系统示意图　　　　　　　　　　（b）拨码开关设置

图 7.8　机械系统及步进驱动器示意图

7.3.2　工艺对象

　　工艺对象主要是指运动控制、PID（比例-积分-微分控制器）、SIMATIC ident（读码器系统）3 种对象，本项目介绍运动控制工艺对象。

1. 运动控制工艺对象

　　运动控制工艺对象用于添加"TO_PositioningAxis"（定位轴）和"TO_CommandTable"（命令表）。本项目使用"TO_PositioningAxis"，如图 7.9 所示。

图 7.9　工艺对象添加窗口

2. 组态设置

下面介绍组态设置中驱动器选择、测量单位选择和脉冲发生器选择。

（1）驱动器选择。

轴对象有 3 种驱动器选择：

➤ PTO（Pulse Train Output，脉冲列输出）。

➤ 模拟驱动装置接口（表示由模拟量控制）。

➤ PROFIdrive（表示由通信控制）。

步进电机通过脉冲驱动，因此驱动器选择 PTO 形式，如图 7.10 所示。

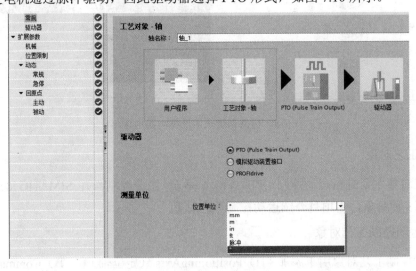

图 7.10　驱动器形式

（2）测量单位选择。

运动控制支持多种位置单位：mm（毫米）、m（米）、in（英寸）、ft（英尺）、°（度）、脉冲。本项目使用度作为测量单位。

（3）脉冲发生器选择。

S7-1200 系列 PLC 拥有 4 个脉冲发生器（Pulse_1～Pulse_4），设备支持的脉冲频率见表 7.4，本项目使用 Pulse_1 脉冲发生器。

表 7.4　脉冲频率

设备		输出通道	脉冲频率
CPU	CPU 1214C（DC/DC/DC）	DQa.0～DQa.3	100 kHz
		DQa.4～DQa.7	30 kHz
		DQb.0～DQb.1	30 kHz
信号板	SB1222 200 kHz	DIe.0～DIe.3	200 kHz
	SB1223 200 kHz	DIe.0～DIe.1	200 kHz
	SB1223	DIe.0～DIe.1	20 kHz

脉冲发生器有 5 种信号类型：PWM、脉冲 A+方向 B、正/反向脉冲（脉冲上升沿 A/下降沿 B）、AB 相移脉冲、AB 相移四倍频脉冲，其中运动控制可以使用的有 4 种，见表 7.5。

注："脉冲 A+方向 B"模式下可以不激活方向输出，变成单脉冲模式。

表 7.5　运动控制的脉冲模式

序号	信号类型	输出效果
1	脉冲 A+方向 B	
2	正/反向脉冲	
3	A/B 相移脉冲	
4	A/B 相移四倍频脉冲（频率会减小到 A/B 相移的 1/4）	

步进电机的驱动需要脉冲信号和方向信号，因此选择"信号类型"为"PTO（脉冲 A 和方向 B）"，如图 7.11 所示。

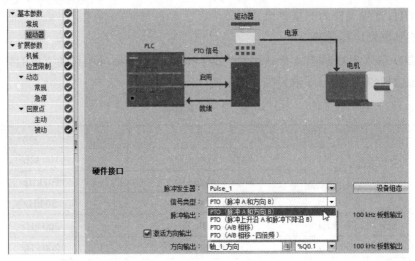

图 7.11　脉冲发生器

（4）回原点设置。

"原点"也可以称为"参考点"，"回原点"或是"寻找参考点"的作用是：把轴实际的机械位置和 PLC 程序中轴的位置坐标统一。"回原点"分成"主动"和"被动"两部分参数，其中"主动"就是传统意义上的回原点或是寻找参考点。本项目通过运动控制的主动回原点功能实现步进电机的回原点。

本项目使用电感式接近传感器 MR-823 检测原点挡块。该传感器为 PNP 型传感器，输出为常闭触点，即检测到原点挡块时输出 0 V，连线说明如图 7.12 所示。

工艺对象组态选择主动回原点设置，根据硬件连线和传感器输出特点选择原点开关地址和电平，本项目选择原点开关的地址为 I0.0，"选择电平"设置为低电平，如图 7.13 所示。

图 7.12　传感器连线说明

图 7.13　回原点设置

主动回原点的顺序为①~③三个阶段，如图 7.14 所示：

①搜索阶段：根据"回原点方向"的设置，轴加速到逼近速度并搜索原点开关。速度设置位置如图 7.15 所示。

②原点逼近：检测到原点开关时，轴将制动并反向，以"回原点速度"靠近原点位置，速度设置如图 7.15 所示。

③行进到原点位置：轴回到参考点开关位置后，轴将以"回原点速度"行进到原点坐标。

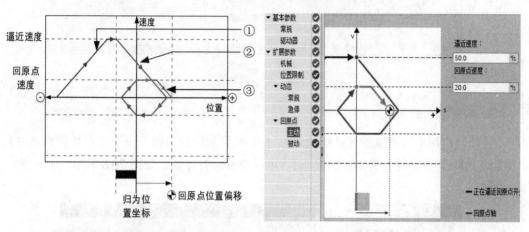

图 7.14　归位的速度特性曲线　　　　　图 7.15　速度设置

在使用主动回原点指令后，电机会回到原点，但如果初始上电位置不是正确的原点位置，需要设置原点偏移。本项目电机的默认初始上电位置如图 7.16 所示，正确的原点应为分度盘 0 刻度位置。

（a）初始上电位置　　　　　　　　　（b）正确的原点位置

图 7.16　原点位置

此时需要设置原点偏移，"起始位置偏移量"设置位于【轴组态】→【回原点】→【主动】中，如图 7.17 所示。

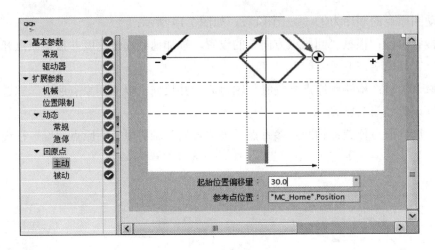

图 7.17   原点偏移设置

3. 轴对象中的参数

在项目应用中，可以通过读取轴对象 DB 数据块中的参数，获取实时数据。通过右击【轴_1】，再单击【打开 DB 编辑器】，可以查看所有参数，如图 7.18 所示。

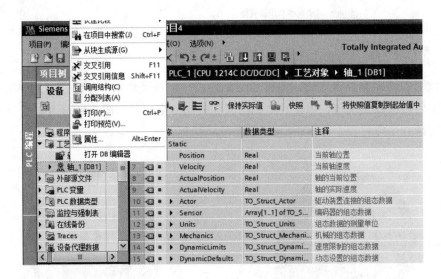

图 7.18   轴工艺对象的参数

以读取轴的位置和速度变量（数据类型为浮点型 Real）为例，可以使用以下形式读取：

> <轴名称>.Position：轴的位置设定值。
> <轴名称>.ActualPosition：轴的实际位置。
> <轴名称>.Velocity：轴的速度设定值。
> <轴名称>.ActualVelocity：轴的实际速度。

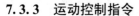

7.3.3　运动控制指令

运动控制向导设置完成后，可以在 PLC 程序中调用相关运动控制指令，其中常用的为 MC_Power、MC_Home、MC_MoveRelative 等。

1. MC_Power

MC_Power 为系统使能指令块，用于启用或禁用轴，轴在运动之前，必须使能此指令块。

在项目中只需要对每个运动轴使用此指令一次，并确保程序会在每次扫描时调用此指令。MC_Power 子例程见表 7.6。

表 7.6　MC_Power 子例程

例程	参数	功能说明	数据类型
	EN	使能	BOOL
	Axis	已组态好的工艺对象名称	TO_Axis
	Enable	为 1 时，轴使能；为 0 时，轴停止	BOOL
MC_Power EN ENO Axis Status Enable Busy StartMode Error StopMode ErrorID ErrorInfo	StartMode	0：启动位置不受控的定位轴 1：启动位置受控的定位轴 使用 PTO 驱动器的定位轴时忽略该参数	INT
	StopMode	0：紧急停止 1：立即停止 2：带有加速度变化率控制的紧急停止	INT
	Status	轴的使能状态	BOOL
	Busy	MC_Power 处于活动状态	BOOL
	Error	MC_Power 指令块或相关工艺对象发生错误	BOOL

2. MC_Home

MC_Home 用于设置参考点，用来将轴坐标与实际的机械位置进行匹配，见表 7.7。
注：当 Mode 为 6 或 7 时，仅用于带模拟驱动接口的驱动器和 PROFIdrive 驱动器。

表 7.7　MC_Home 回参考点指令块

例程	参数	功能说明	数据类型
	EN	使能	BOOL
	Axis	已组态好的工艺对象名称	TO_Axis
	Execute	上升沿启动命令	BOOL
MC_Home EN　　　ENO Axis　　Done Execute　Error Position Mode	Position	Mode=0、2 和 3：完成回原点操作之后， 轴的绝对位置 Mode=1：对当前轴位置的修正值	REAL
	Mode	0：绝对式直接归位 1：相对式直接归位 2：被动回原点 3：主动回原点 6：绝对编码器调节（相对） 7：绝对编码器调节（绝对）	INT

172

3. MC_MoveRelative

MC_MoveRelative 用于启动相对于起始位置的定位运动，见表 7.8。

表 7.8　MC_MoveRelative 子例程

例程	参数	功能说明	数据类型
MC_MoveRelative EN　　　　ENO Axis 　　　　Done 　　　　Busy 　　CommandAborted Execute Distance　Error Velocity　ErrorID 　　　ErrorInfo	EN	使能	BOOL
	Axis	已组态好的工艺对象名称	TO_PositioningAxis
	Execute	上升沿启动命令	BOOL
	Distance	定位操作的移动距离	REAL
	Velocity	轴的速度，由于所组态的加速度 和减速度以及要途经的距离等原 因，不会始终保持这一速度	REAL

7.4　项目步骤

7.4.1　应用系统连接

❋ 步进定位项目步骤

本项目基于 PLC 产教应用系统开展，系统内部电路已完成连接，PLC 数字 IO 部分的电气原理图如图 7.19 所示，实物连线图如图 7.20 所示。

注：在 PUL+、DIR+接口与对应的 PLC 接口之间需要串联电阻。

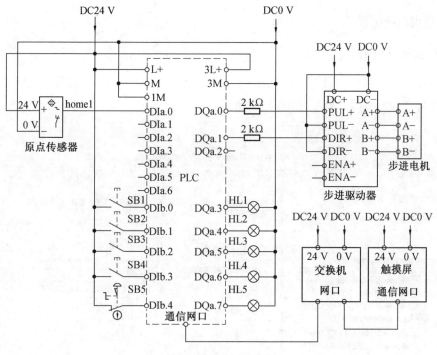

图 7.19 电气原理图

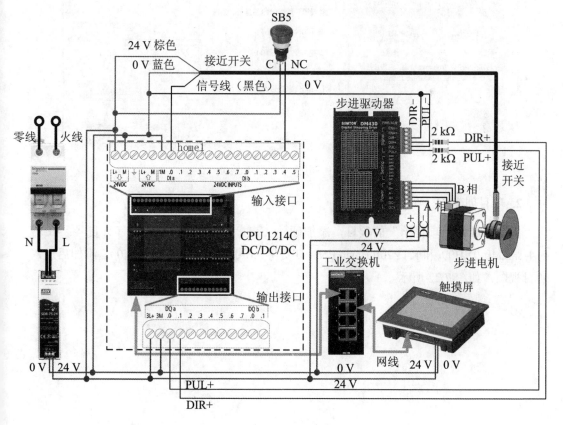

图 7.20 电气原理图

7.4.2 应用系统配置

1. 设置计算机 IP

本项目所有网络设备设置在 192.168.1.1～192.168.1.254 网段，因此将电脑网卡的"IP 地址"改为"192.168.1.200"，如图 7.21 所示。

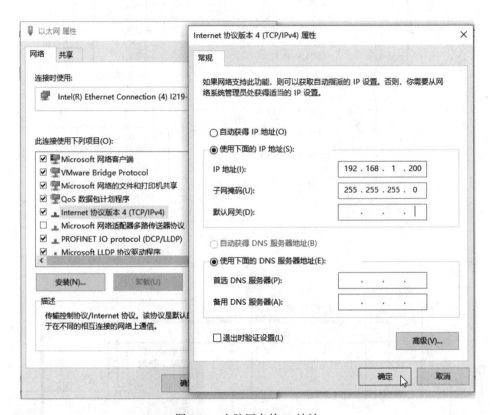

图 7.21　电脑网卡的 IP 地址

2. 项目创建

创建名称为"项目 4"的项目，添加硬件 CPU 1214C DC/DC/DC（订货号：6ES7 214-1AG40-0XB0）和 KTP700 Basic PN（订货号：6AV2 123-2GB03-0AX0）。添加后进入项目视图，如图 7.22 所示。

图 7.22　项目创建

3. PLC 与触摸屏的属性设置

在完成项目创建后，需要设置 PLC 的 I/O 起始地址和 IP 地址，创建子网"PN/IE_1"以及触摸屏的 IP 地址。属性设置的操作步骤见表 7.9。

表 7.9　属性设置的操作步骤

序号	图片示例	操作步骤
1	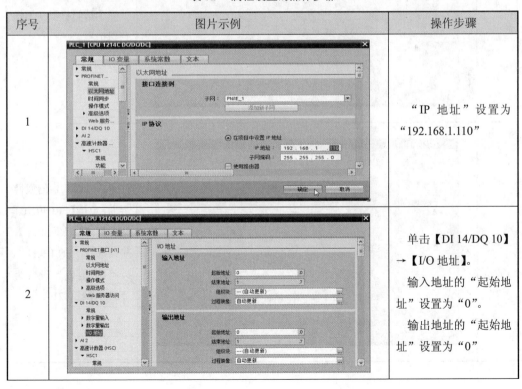	"IP 地址"设置为"192.168.1.110"
2		单击【DI 14/DQ 10】→【I/O 地址】。 输入地址的"起始地址"设置为"0"。 输出地址的"起始地址"设置为"0"

175

续表 **7.9**

序号	图片示例	操作步骤
3		单击【脉冲发生器（PTO/PWM）】→【PTO1/PWM1】。 勾选"启用该脉冲发生器"。 "信号类型"选为"PTO（脉冲 A 和方向 B）"
4		展开【防护与安全】，单击【访问级别】。勾选"完全访问权限（无任何保护"
5		进入 HMI_1 的属性界面，单击【PROFINET 接口】→【以太网地址】。子网选择"PN/IE_1"。 "IP 地址"设置为"192.168.1.121"

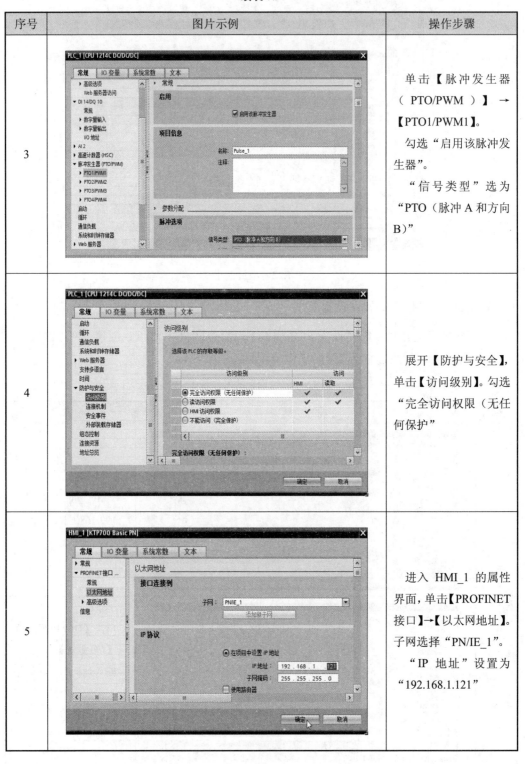

4. 添加块

本项目需要添一个加函数块（FB），函数块的名称为"电机控制"，如图 7.23 所示。

图 7.23　添加函数块

5. 添加工艺对象

（1）新增对象。

表 7.10　新增对象和运动控制向导设置的操作步骤

序号	图片示例	操作步骤
1	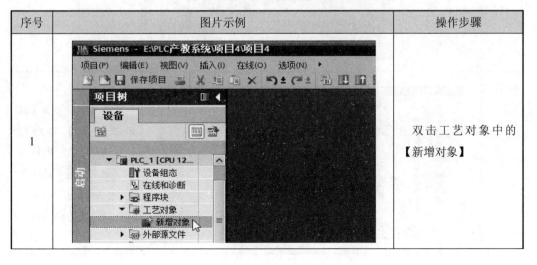	双击工艺对象中的【新增对象】

续表 7.10

序号	图片示例	操作步骤
2	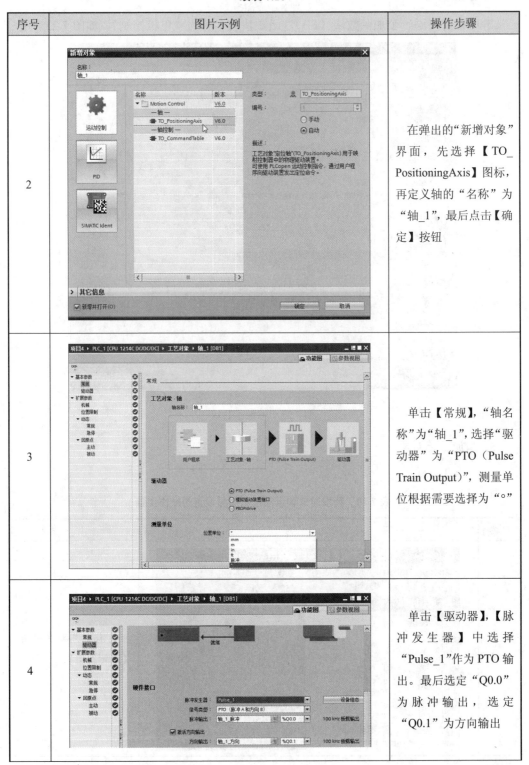	在弹出的"新增对象"界面，先选择【TO_PositioningAxis】图标，再定义轴的"名称"为"轴_1"，最后点击【确定】按钮
3		单击【常规】，"轴名称"为"轴_1"，选择"驱动器"为"PTO（Pulse Train Output）"，测量单位根据需要选择为"°"
4		单击【驱动器】，【脉冲发生器】中选择"Pulse_1"作为 PTO 输出。最后选定"Q0.0"为脉冲输出，选定"Q0.1"为方向输出

续表 7.10

序号	图片示例	操作步骤
5	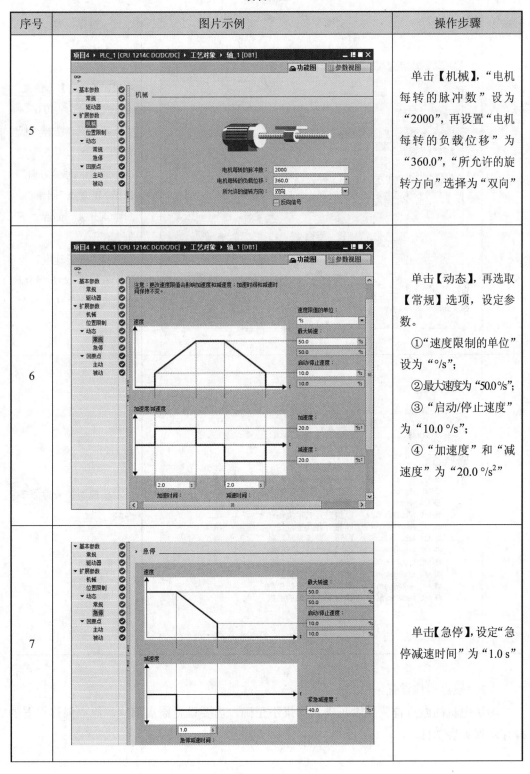	单击【机械】,"电机每转的脉冲数"设为"2000",再设置"电机每转的负载位移"为"360.0","所允许的旋转方向"选择为"双向"
6		单击【动态】,再选取【常规】选项,设定参数。 ①"速度限制的单位"设为"°/s"; ②最大速度为"50.0°/s"; ③"启动/停止速度"为"10.0 °/s"; ④"加速度"和"减速度"为"20.0 °/s²"
7		单击【急停】,设定"急停减速时间"为"1.0 s"

续表 **7.10**

序号	图片示例	操作步骤
8	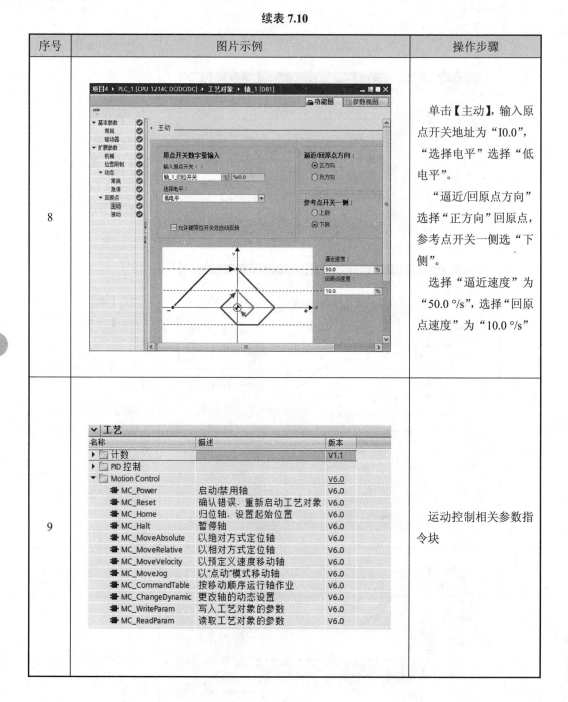	单击【主动】，输入原点开关地址为"I0.0"，"选择电平"选择"低电平"。 "逼近/回原点方向"选择"正方向"回原点，参考点开关一侧选"下侧"。 选择"逼近速度"为"50.0 °/s"，选择"回原点速度"为"10.0 °/s"
9	<table>工艺 名称/描述/版本 ▶ 计数 — V1.1 ▶ PID 控制 ▼ Motion Control — V6.0 MC_Power 启动/禁用轴 V6.0 MC_Reset 确认错误，重新启动工艺对象 V6.0 MC_Home 归位轴，设置起始位置 V6.0 MC_Halt 暂停轴 V6.0 MC_MoveAbsolute 以绝对方式定位轴 V6.0 MC_MoveRelative 以相对方式定位轴 V6.0 MC_MoveVelocity 以预定义速度移动轴 V6.0 MC_MoveJog 以"点动"模式移动轴 V6.0 MC_CommandTable 按移动顺序运行轴作业 V6.0 MC_ChangeDynamic 更改轴的动态设置 V6.0 MC_WriteParam 写入工艺对象的参数 V6.0 MC_ReadParam 读取工艺对象的参数 V6.0</table>	运动控制相关参数指令块

（2）原点偏移设置。

确认电机的原点位置是否正确，如果不正确，需要设置原点偏移，原点偏移设置的操作步骤见表 7.11。

表 7.11　原点偏移设置的操作

序号	图片示例	操作步骤
1		单击工具栏中的【↓】（下载到设备）按钮，将 PLC 程序下载到设置中
2		双击【轴_1】的【调试】，进入轴对象调试界面
3		单击【激活】

续表 **7.11**

序号	图片示例	操作步骤
4	激活主控制 (1400:000230) ✕ **！** **是否使用主控制对轴 轴_1 进行控制？** 使用主控制可能会导致人员或设备危险。 该功能仅适用于调试、诊断和测试目的。仅授权人员才能使用该功能。 如果控制面板具有主控制功能时，可使用控制面板对轴进行控制。 连接 PG/PC 时，只能手动控制该轴。将对该连接进行循环监视。在监视过程中，如果未从 PG/PC 未接收到任何心跳信号，则将出于安全考虑放弃主控制。 监视时间值取决于具体的应用。使用一个较低的时间可降低安全风险！ 监视时间：　3000　ms 是　　否	单击【是】
5	...4 ▶ PLC_1 [CPU 1214C DC/DC/DC] ▶ 工艺对象 ▶ 轴_1 [DB1] 主控制：激活 禁用 >> 轴：✓ 启用 ▸ 轴控制面板 **轴控制面板** **命令** 点动 速度：5.0 °/s 加速度/减速度：1.0 °/s² ☐ 激活加加速度限值 加加速度：192.0 °/s³	单击【启用】
6	项目4 ▶ PLC_1 [CPU 1214C DC/DC/DC] ▶ 工艺对象 ▶ 轴_1 [DB1] 主控制：激活 禁用 >> 轴：✓ 启用 ✕ 禁用 >> 轴控制面板 **轴控制面板** **命令** 回原点 参考点位置：0.0 加速度/减速度：10.0 °/s² ☐ 激活加加速度限值 加加速度：192.0 °/s³ 设置回原点位置　　▶回原点 ■停止	"命令"选择"回原点" "加速度/减速度"设为 10.0 °/s²。 单击【回原点】

续表 7.11

序号	图片示例	操作步骤
7	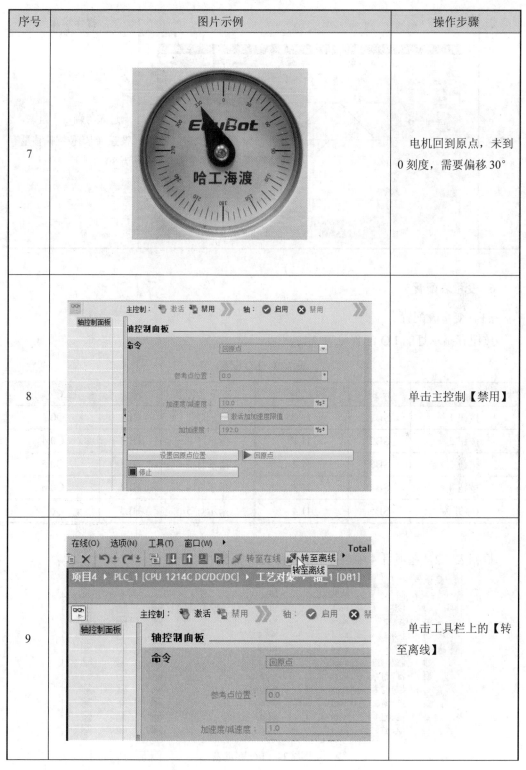	电机回到原点，未到 0 刻度，需要偏移 30°
8		单击主控制【禁用】
9		单击工具栏上的【转至离线】

续表 7.11

序号	图片示例	操作步骤
10	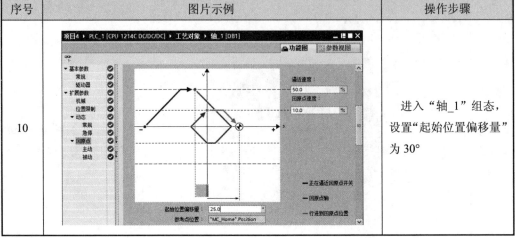	进入"轴_1"组态，设置"起始位置偏移量"为 30°

6. 变量表配置

（1）变量表配置。

按钮和指示灯的 I/O 配置见表 7.12。

表 7.12　I/O 配置

变量名称	标识	PLC 输入	变量名称	标识	PLC 输出
按钮 1	SB1	I1.0	指示灯 1	HL1	Q0.3
按钮 2	SB2	I1.1	指示灯 2	HL2	Q0.4
按钮 3	SB3	I1.2	指示灯 3	HL3	Q0.5
按钮 4	SB4	I1.3	指示灯 4	HL4	Q0.6
急停开关	SB5	I1.4	指示灯 5	HL5	Q0.7

根据表 7.2，在项目 4 中创建 I/O 变量表，如图 7.24 所示。

		名称	数据类型	地址	保持	可从 …	从 H…	在 H…
1		按钮 1	Bool	%I1.0		☑	☑	☑
2		按钮 2	Bool	%I1.1		☑	☑	☑
3		按钮 3	Bool	%I1.2		☑	☑	☑
4		按钮 4	Bool	%I1.3		☑	☑	☑
5		急停按钮	Bool	%I1.4		☑	☑	☑
6		指示灯 1	Bool	%Q0.3		☑	☑	☑
7		指示灯 2	Bool	%Q0.4		☑	☑	☑
8		指示灯 3	Bool	%Q0.5		☑	☑	☑
9		指示灯 4	Bool	%Q0.6		☑	☑	☑
10		指示灯 5	Bool	%Q0.7		☑	☑	☑

变量表_1

图 7.24　I/O 变量表

（2）内部存储器配置。

程序运行需要有多个内部存储器变量，因此需要在编写主程序前将内部寄存器变量添加到变量表_1 中，如图 7.25 所示。

变量表_1				
		名称	数据类型	地址
11	💷	运行标志	Bool	%M1.0
12	💷	电机使能状态	Bool	%M1.1
13	💷	原点动作完成	Bool	%M1.2
14	💷	触摸屏启动	Bool	%M2.0
15	💷	触摸屏停止	Bool	%M2.1
16	💷	电机当前位置	Real	%MD10
17	💷	电机当前速度	Real	%MD14

图 7.25　内部存储器变量表

7.4.3　主体程序设计

本项目主体程序由名称为"main"的 OB1 组织块和名称为"电机控制"的函数块组成。"main"组织块用于处理控制运行标志，"电机控制"函数块用于控制电机运动的程序。

1."main"组织块

最终绘制见表 7.13 所示的梯形图。

表 7.13　梯形图绘制的操作步骤

序号	图片示例	操作步骤
1	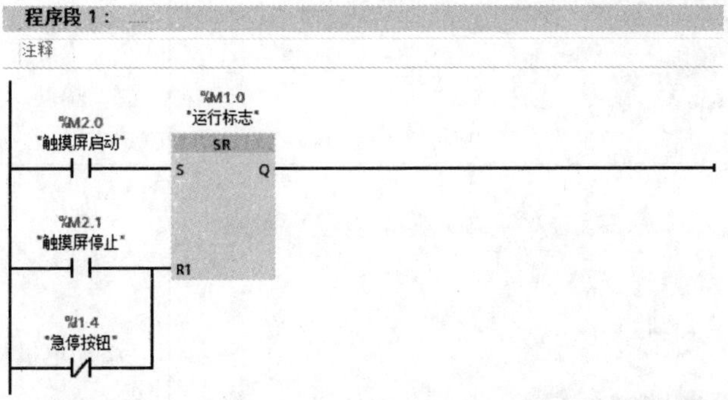 程序段 1：___ 注释 %M2.0 "触摸屏启动" — %M1.0 "运行标志" SR　S　Q %M2.1 "触摸屏停止" — R1 %I1.4 "急停按钮"	使用 SR 触发器置位运行标志
2	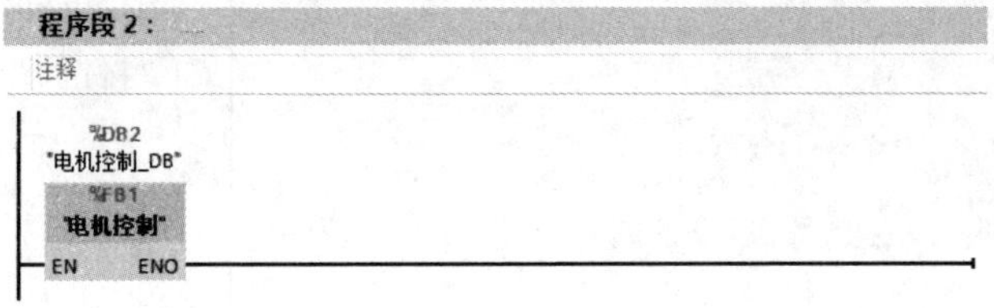 程序段 2：___ 注释 %DB2 "电机控制_DB" %FB1 "电机控制" EN　ENO	调用"电机控制"函数块

2."电机控制"函数块

"电机控制"函数块具体程序设计的操作步骤见表 7.14。

表 7.14　程序设计的操作步骤

序号	图片示例	操作步骤
1		添加电机使能指令，由"运行标志"变量启动
2		添加电机回原点指令。选择模式 3（Mode=3），即主动回原点。由"电机使能状态"变量启动
3		添加电机相对运动指令。由"电机原点状态"和"按钮 1"变量启动

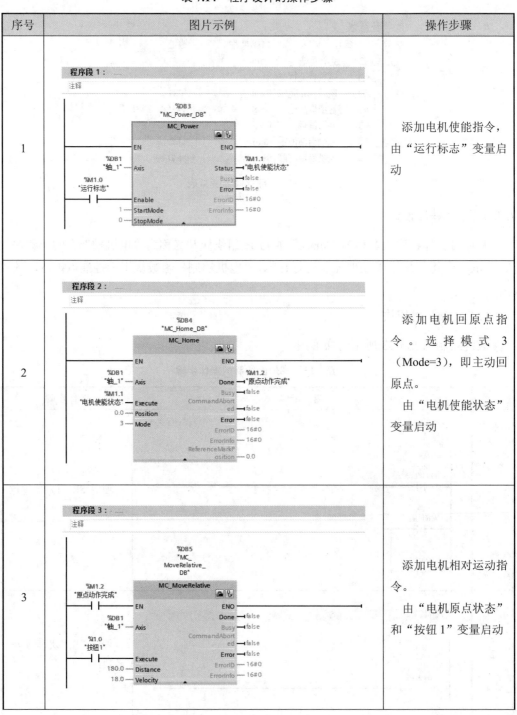

续表 7.14

序号	图片示例	操作步骤
4	程序段 4：____ 注释 MOVE EN — ENO "轴_1".ActualVelocity — IN OUT1 — %MD10 "电机当前速度"	"轴_1".ActualVelocity 表示工艺对象数据块 "轴_1" 中变量 "ActualVelocity" 为当前速度值
5	程序段 5：____ 注释 MOVE EN — ENO "轴_1".ActualPosition — IN OUT1 — %MD14 "电机当前位置"	"轴_1".ActualPosition 表示工艺对象数据块 "轴_1" 中变量 "ActualPosition" 为当前位置值

187

7.4.4　关联程序设计

本项目的关联程序为触摸屏画面，画面内容为启动、停止按钮以及速度、位置值显示，如图 7.26 所示。按照图 7.27 所示的变量表关联变量，具体步骤见表 7.15。

图 7.26　触摸屏画面

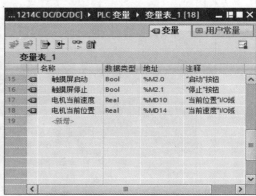

图 7.27　关联变量

表 7.15   触摸屏画面设计的操作步骤

序号	图片示例	操作步骤
1	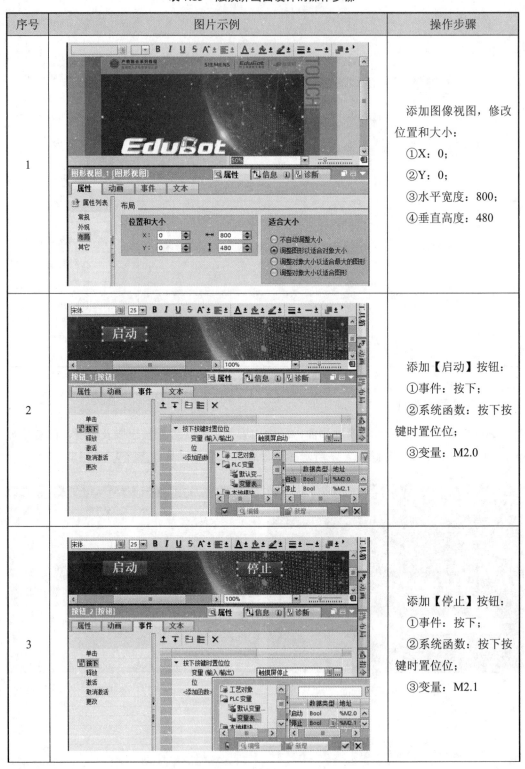	添加图像视图，修改位置和大小： ①X：0； ②Y：0； ③水平宽度：800； ④垂直高度：480
2		添加【启动】按钮： ①事件：按下； ②系统函数：按下按键时置位位； ③变量：M2.0
3		添加【停止】按钮： ①事件：按下； ②系统函数：按下按键时置位位； ③变量：M2.1

续表 7.15

序号	图片示例	操作步骤
4	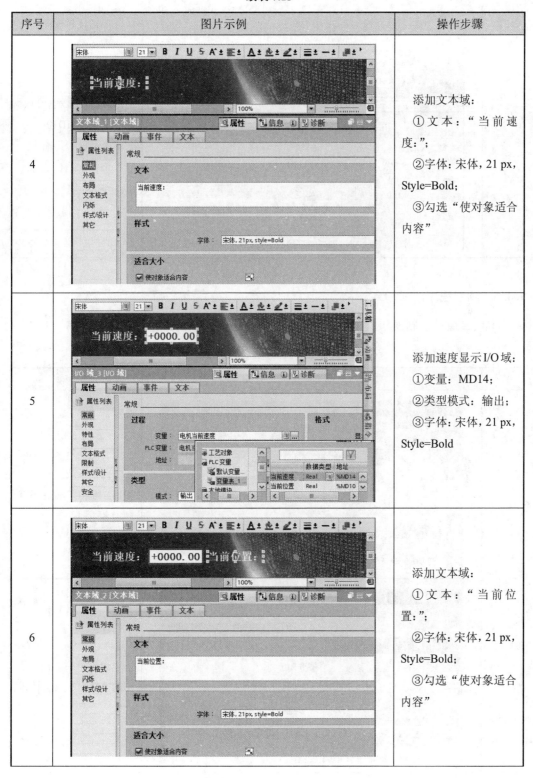	添加文本域： ①文本："当前速度："； ②字体：宋体，21 px，Style=Bold； ③勾选"使对象适合内容"
5		添加速度显示I/O域： ①变量：MD14； ②类型模式：输出； ③字体：宋体，21 px，Style=Bold
6		添加文本域： ①文本："当前位置："； ②字体：宋体，21 px，Style=Bold； ③勾选"使对象适合内容"

续表 **7.15**

序号	图片示例	操作步骤
7	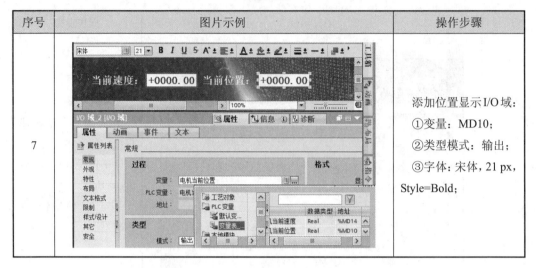	添加位置显示I/O域： ①变量：MD10； ②类型模式：输出； ③字体：宋体，21 px， Style=Bold；

7.4.5 项目程序调试

本项目通过强制表和监控表调试电机控制程序，调试的操作步骤见表 7.16。

表 **7.16** 调试的操作步骤

序号	图片示例	操作步骤
1	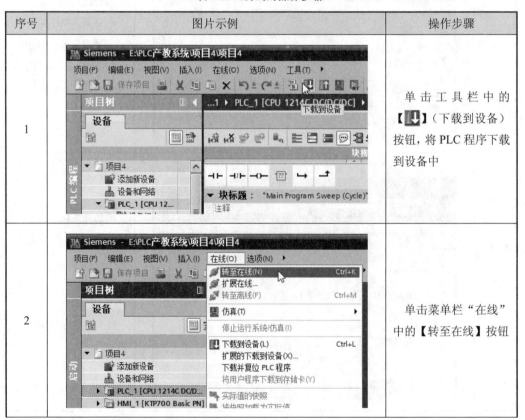	单击工具栏中的【↓】（下载到设备）按钮，将 PLC 程序下载到设备中
2		单击菜单栏"在线"中的【转至在线】按钮

续表 7.16

序号	图片示例	操作步骤
3	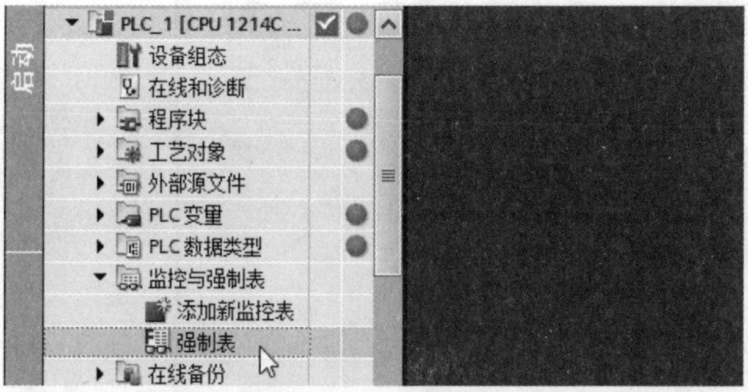	双击【强制表】
4	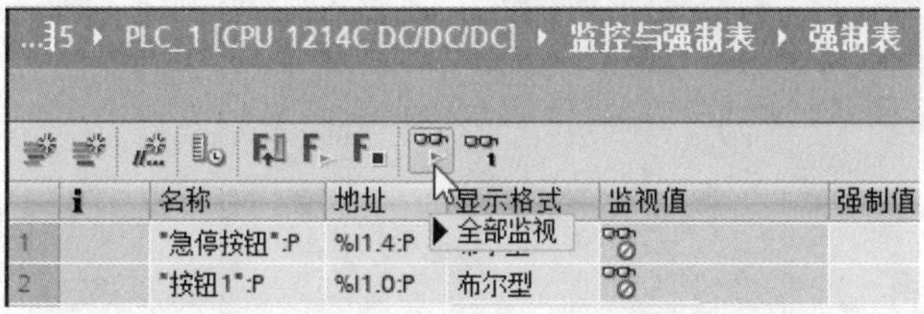	添加"急停按钮"和"按钮 1"的强制表。单击【▶】（全部监视）
5	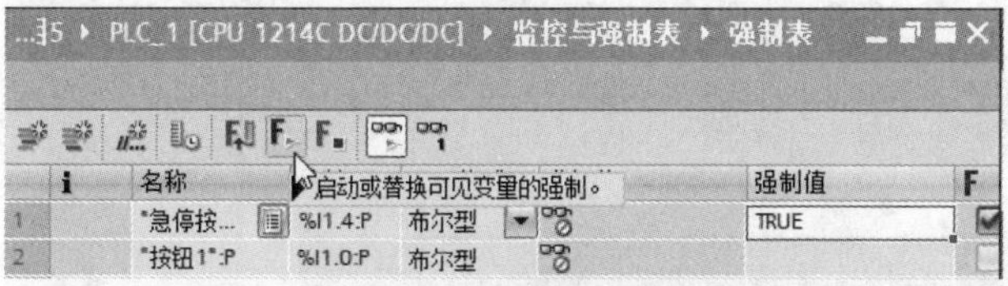	"急停按钮"的"强制值"为"TRUE"，单击【F▶】（启动或替换课件变量的强制）按钮
6	全部强制 (0710:001) 全部强制 注意：使用 'PLC_1' 进行强制！ 是否要立即启动"强制"？ 是　否	单击【是】按钮
7	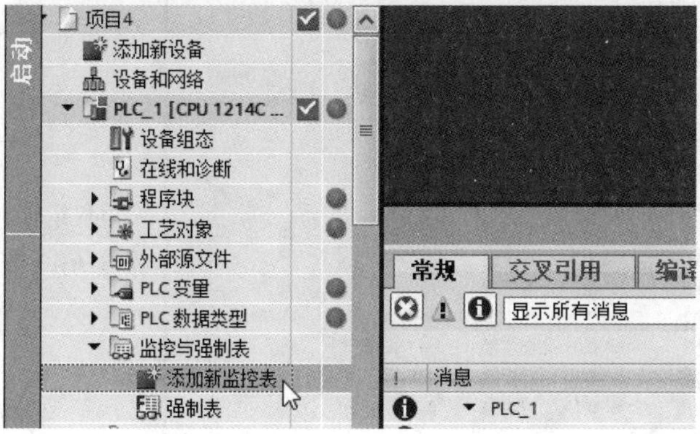	双击【添加新监控表】按钮

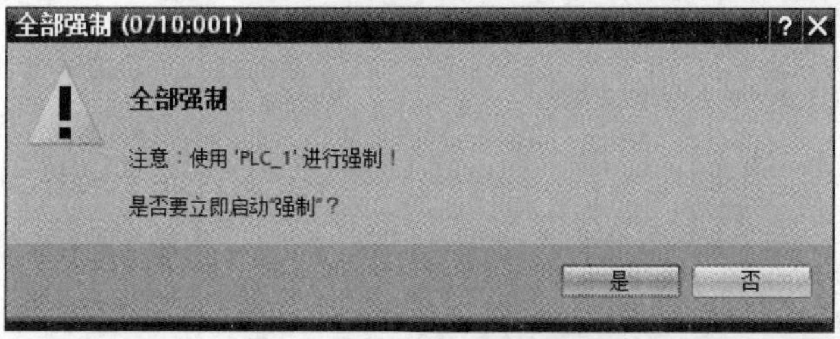

191

续表 7.16

序号	图片示例	操作步骤
8	... ▸ PLC_1 [CPU 1214C DC/DC/DC] ▸ 监控与强制表 ▸ 监控表_1 		i	名称	地址	显示格式	监视值	修改值
1		"运行标志"	%M1.0	布尔型	FALSE	
2		"电机使能状态"	%M1.1	布尔型	FALSE	
3		"原点动作完成"	%M1.2	布尔型	FALSE	
4		"触摸屏启动"	%M2.0	布尔型	FALSE	
5		"触摸屏停止"	%M2.1	布尔型	FALSE	
6		"电机当前位置"	%MD10	浮点数	0.504	
7		"电机当前速度"	%MD14	浮点数	0.0			添加内部存储器变量的监控表
9	... ▸ PLC_1 [CPU 1214C DC/DC/DC] ▸ 监控与强制表 ▸ 监控表_1 ▶ 全部监视 		i	名称	地址	显示格式	监视值	修改值
1		"运行标志"	%M1.0		FALSE	
2		"电机使能状态"	%M1.1	布尔型	FALSE	
3		"原点动作完成"	%M1.2	布尔型	FALSE	
4		"触摸屏启动"	%M2.0	布尔型	FALSE	
5		"触摸屏停止"	%M2.1	布尔型	FALSE	
6		"电机当前位置"	%MD10	浮点数	0.504	
7		"电机当前速度"	%MD14	浮点数	0.0			单击【⬛】（全部监视）
10	... ▸ PLC_1 [CPU 1214C DC/DC/DC] ▸ 监控与强制表 ▸ 监控表_1 ▶ 立即一次性修改所有选定值。 		i	名称	地址	显示格式		修改值
1		"运行标志"	%M1.0	布尔型	FALSE	
2		"电机使能状态"	%M1.1	布尔型	FALSE	
3		"原点动作完成"	%M1.2	布尔型	FALSE	
4		"触摸屏启动"	%M2.0	布尔型	FALSE	TRUE
5		"触摸屏停止"	%M2.1	布尔型	FALSE	
6		"电机当前位置"	%MD10	浮点数	0.54	
7		"电机当前速度"	%MD14	浮点数	0.0			"触摸屏启动"的"修改值"为"TRUE"，单击【⬛】（立即一次性修改所有选定值）按钮
11	... ▸ PLC_1 [CPU 1214C DC/DC/DC] ▸ 监控与强制表 ▸ 监控表_1 		i	名称	地址	显示格式	监视值	修改值
1		"运行标志"	%M1.0	布尔型	TRUE	
2		"电机使能状态"	%M1.1	布尔型	TRUE	
3		"原点动作完成"	%M1.2	布尔型	TRUE	
4		"触摸屏启动"	%M2.0	布尔型	TRUE	TRUE
5		"触摸屏停止"	%M2.1	布尔型	FALSE	
6		"电机当前位置"	%MD10	浮点数	0.0	
7		"电机当前速度"	%MD14	浮点数	0.0			电机运行，并开始回原点动作

续表 7.16

序号	图片示例	操作步骤
12		"触摸屏启动"的"修改值"为"FALSE"。 单击【🕭】(立即一次性修改所有选定值)按钮
13		双击【强制表】
14		"按钮 1"的"强制值"改为"TRUE",单击【F】(启动或替换课件变量的强制)按钮
15		电机转动至 180° 位置
16		"触摸屏停止"的"修改值"为"TRUE"。 "电机运行"的"修改值"为"FALSE"。 单击【🕭】(立即一次性修改所有选定值)按钮

续表 7.16

序号	图片示例	操作步骤
17	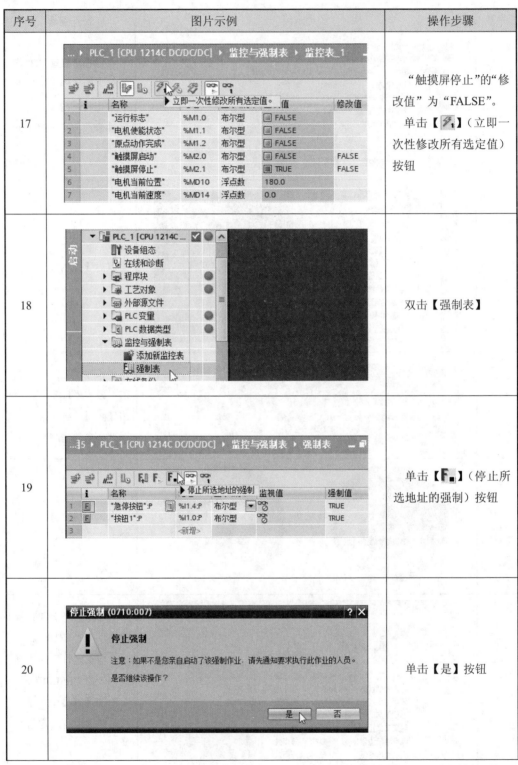	"触摸屏停止"的"修改值"为"FALSE"。 单击【⚡】（立即一次性修改所有选定值）按钮
18		双击【强制表】
19		单击【F】（停止所选地址的强制）按钮
20		单击【是】按钮

194

续表 7.16

序号	图片示例	操作步骤
21	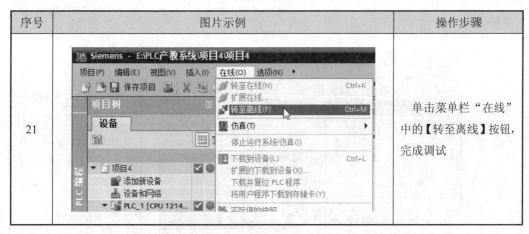	单击菜单栏"在线"中的【转至离线】按钮,完成调试

7.4.6　项目总体运行

项目总体运行的操作步骤见表 7.17。

表 7.17　总体运行的操作步骤

序号	图片示例	操作步骤
1	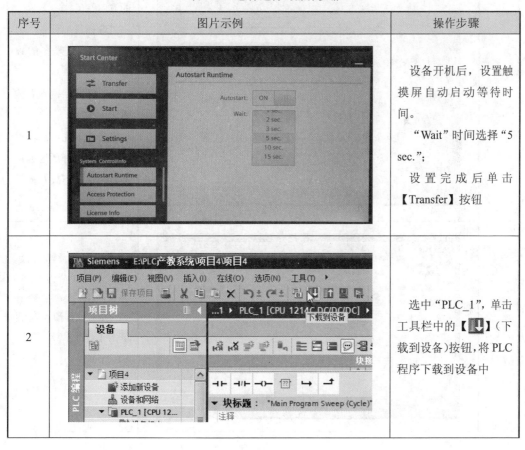	设备开机后,设置触摸屏自动启动等待时间。 "Wait"时间选择"5 sec."; 设置完成后单击【Transfer】按钮
2		选中"PLC_1",单击工具栏中的【↓】(下载到设备)按钮,将 PLC 程序下载到设备中

续表 **7.17**

序号	图片示例	操作步骤
3	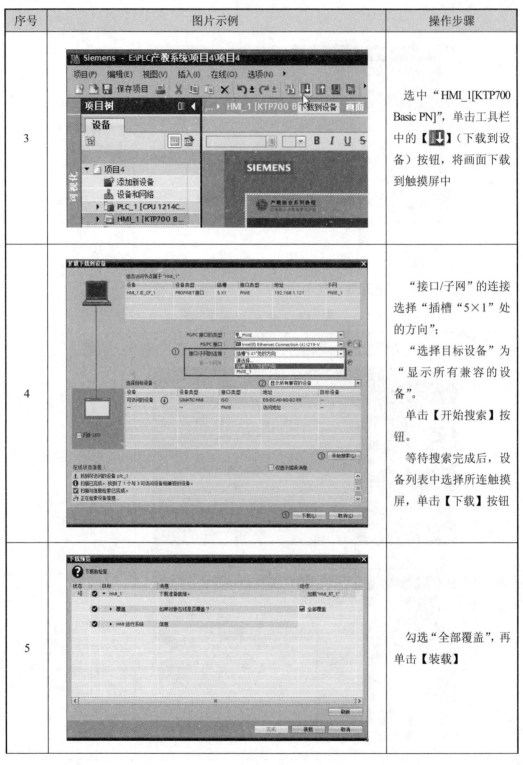	选中"HMI_1[KTP700 Basic PN]"，单击工具栏中的【↓】（下载到设备）按钮，将画面下载到触摸屏中
4		"接口/子网"的连接选择"插槽"5×1"处的方向"； "选择目标设备"为"显示所有兼容的设备"。 单击【开始搜索】按钮。 等待搜索完成后，设备列表中选择所连触摸屏，单击【下载】按钮
5		勾选"全部覆盖"，再单击【装载】

续表 7.17

序号	图片示例	操作步骤
6	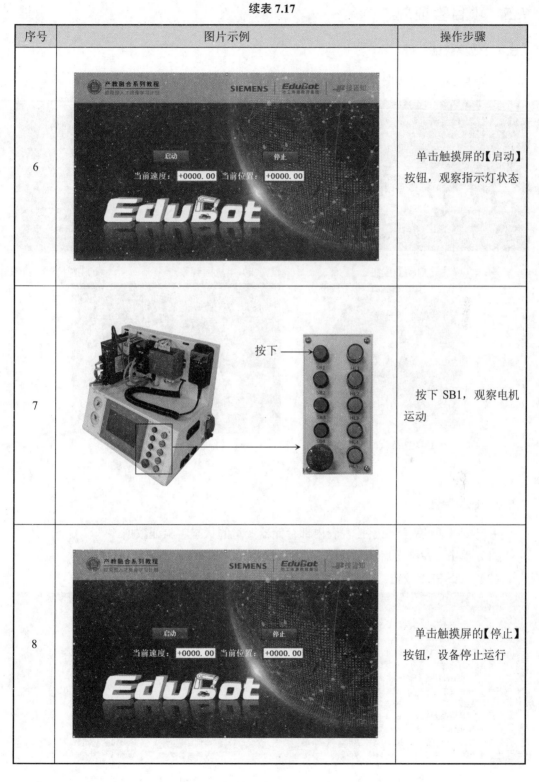	单击触摸屏的【启动】按钮，观察指示灯状态
7		按下 SB1，观察电机运动
8		单击触摸屏的【停止】按钮，设备停止运行

197

7.5 项目验证

7.5.1 效果验证

设备运行的效果如图 7.28 所示。

（a）单击【启动】按钮　　　　（b）电机回到原点　　　　（c）按下 SB1 按钮

（d）电机转动到 180°　　　　（e）单击【停止】按钮，设备停止

图 7.28　运行的效果

7.5.2 数据验证

用户可以通过观察观察控视表内部存储器变量的状态，验证数据。

（1）单击触摸屏【启动】按钮，电机自动回原点，数据如图 7.29 所示。

（2）按下 SB1 按钮，电机移动到 180°，数据如图 7.30 所示。

图 7.29　回原点的数据　　　　　　　图 7.30　移动到 180° 的数据

7.6 项目总结

7.6.1 项目评价

读者完成训练项目后，填写表 7.18 的项目评价表，包括自评、互评和完成情况说明。

表 7.18 项目评价表

项目指标		分值	自评	互评	完成情况说明
项目分析	1. 硬件架构分析	6			
	2. 软件架构分析	6			
	3. 项目流程分析	6			
项目要点	1. 步进系统设置	8			
	2. 工艺对象	8			
	3. 运动控制指令	8			
项目步骤	1. 应用系统连接	8			
	2. 应用系统配置	8			
	3. 主体程序设计	8			
	4. 关联程序设计	8			
	5. 项目程序调试	8			
	6. 项目运行调试	8			
项目验证	1. 效果验证	5			
	2. 数据验证	5			
合计		100			

7.6.2 项目拓展

本拓展项目的内容为利用 PLC 产教应用系统，实现按钮 SB1 控制电机正转、按钮 SB2 控制电机反转的功能，按钮如图 7.31 所示。

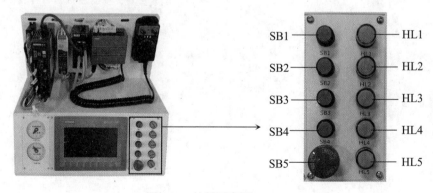

图 7.31 按钮示意图

提示：控制电机反转的方法是将 Distance 接口参数改为负数，例如-180.0，如图 7.32 所示。

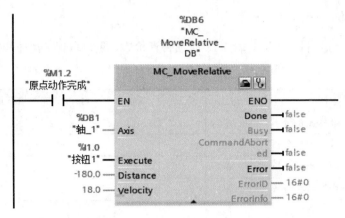

图 7.32　指令参数设置

第8章 基于总线控制的伺服定位项目

8.1 项目目的

8.1.1 项目背景

※ 伺服定位项目目的

随着近代控制技术的发展，伺服电动机及其伺服控制系统被大量应用于检测设备、数控铣床、钻床及加工中心。这些设备中的数控分度盘大多采用伺服驱动，如图 8.1 所示。

图 8.1 伺服高精度分度定位控制

工业中常见的伺服控制系统由 PLC、伺服驱动器和伺服电机组成，如图 8.2 所示。西门子 SINAMICS V90 PN 伺服电机的运动控制是指 PLC 使用 PROFINET 总线对伺服电机的运动方向、运动速度和运动距离进行控制，实现对伺服电机动作的运动。本项目使用到的协议为 PROFIdrive，PROFIdrive 是 PROFINET 针对驱动器控制应用的协议。

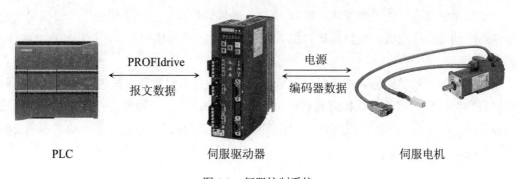

图 8.2 伺服控制系统

8.1.2　项目需求

本项目 PLC、伺服驱动器、触摸屏通过网络通信，需求框架如图 8.3（a）所示。触摸屏设计两个可以互相切换的画面，一个画面控制电机的启动与停止，另一个画面控制电机的相对运动，触摸屏画面构思如图 8.3（b）所示。实现按下触摸屏的前进按钮，伺服电机转动 120°的功能。

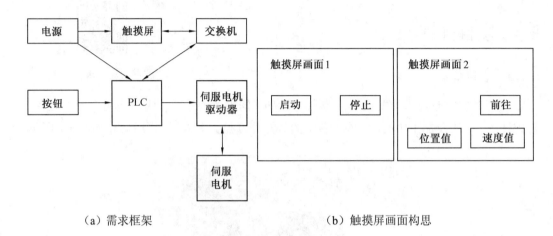

（a）需求框架　　　　　　　　　　　　　（b）触摸屏画面构思

图 8.3　项目需求

8.1.3　项目目的

通过对本项目的学习，可以实现以下学习目标。

（1）了解 SINAMICS V90 伺服系统的位置控制。

（2）了解 PROFIdrive 驱动协议。

（3）学习通过 PROFIdrive 控制 SINAMICS V90 伺服系统。

8.2　项目分析

8.2.1　项目构架

本项目框架由开关电源模块、PLC 模块、触摸屏模块、交换机模块、按钮模块和伺服电机驱动器模块组成，项目构架如图 8.4（a）所示，按钮和指示灯的标识如图 8.4（b）所示。

本项目的初始状态为未按下触摸屏停止按钮，并且未触发急停按钮 SB5，当按下触摸屏启动按钮后，启动运行标志并启动电机原点回归；当按下触摸屏停止按钮或者触发急停按钮 SB5 时，则取消运行标志；当按下触摸屏前进按钮，电机开始运动。本项目的顺序功能图如图 8.5 所示。

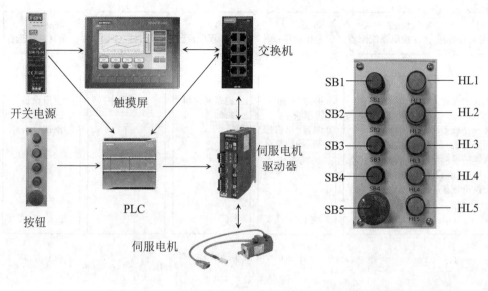

（a）构架图　　　　　　　　　（b）按钮和指示灯的标识

图 8.4　项目构架

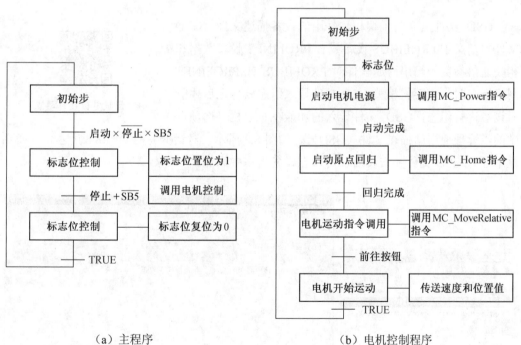

（a）主程序　　　　　　　　　（b）电机控制程序

图 8.5　顺序功能图

8.2.2　项目流程

本项目实施流程如图 8.6 所示。

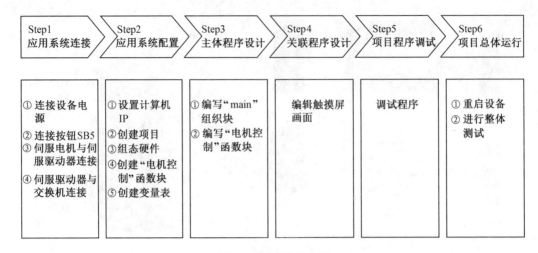

图 8.6　项目实施流程

8.3　项目要点

8.3.1　GSD 管理

　　GSD 文件是西门子编程软件用的设备描述文件。GSD 文件中定义了 PROFIBUS 设备或者 PROFINET 设备数据和相关通信参数。当用博途软件对 PROFIBUS 或 PROFINET 网络组态时，需要将相关 GSD 文件导入组态软件之后才能对设备进行组态。GSD 文件导入的功能在菜单栏"选项"中的"管理通用站描述文件（GSD）"，如图 8.7 所示。对话框界面如图 8.8 所示，在对话框中导入 GSD 文件并安装后，可以在设备组态中添加。

※ 伺服定位项目要点

图 8.7　管理通用站描述文件

图 8.8　对话框界面

204

8.3.2　PROFIdrive 驱动装置

1. PROFIdrive 介绍

PROFIdrive 是通过 PROFINET IO 连接驱动器和编码器的标准化驱动协议。支持 PROFIdrive 协议的驱动器都可根据 PROFIdrive 标准进行连接。

控制器和驱动器/编码器之间通过各种 PROFIdrive 报文进行通信。每个报文均有一个标准化的结构。可根据具体应用，选择相应的报文。通过 PROFIdrive 报文，可传输控制字、状态字、设定值和实际值。

2. 报文介绍

SINAMICS V90 PN 支持标准报文以及西门子报文，报文的 PZD 说明见表 8.1。

从驱动设备的角度看，接收到的过程数据是接收字，发送的过程数据的发送字，1 个 PZD=1 个字（PZD 为德语 Prozessdaten 缩写，意思为"过程数据"）。

205

表 8.1　报文的 PZD 说明

报文	最大 PZD 数目		适用模式
	接收字	发送字	
标准报文 1	2	2	速度模式
标准报文 2	4	4	
标准报文 3	5	9	
标准报文 5	9	9	
标准报文 7	2	2	基本定位器控制（EPOS）
标准报文 9	10	5	
西门子报文 102	6	10	速度模式
西门子报文 105	10	10	
西门子报文 110	12	7	基本定位器控制（EPOS）
西门子报文 111	12	12	
西门子报文 750（辅助报文）	3	1	通用

仅在 SINAMICS V90 PN 连接至 SIMATICS S7-1500 且编程软件版本为 V14 或更高版本时，标准报文 5 和西门子报文 105 可用，本项目不适用。辅助报文仅可与主报文一起使用，不能单独使用。

本项目通过 PLC 工艺对象进行控制，必须使用标准报文 3。标准报文 3 的对应内容见表 8.2。其中 PZD 表示报文的 1 个字，总共 9 个字（PZD1～PZD9）。

表 8.2 标准报文 3 的内容

报文	标准报文 3	
	接收方向	传输方向
PZD1	STW1（控制字 1）	ZSW1（状态字 1）
PZD2	NSOLL_B（速度设定字）	NIST_B（速度状态字）
PZD3		
PZD4	STW2	ZSW2（状态字 2）
PZD5	G1_STW（编码器控制字）	G1_ZSW（编码器状态字）
PZD6	—	G1_XIST1（编码器的实际位置 1）
PZD7	—	
PZD8	—	G1_XIST2（编码器的实际位置 2）
PZD9	—	

8.3.3 伺服系统的设置

本项目使用西门子的 SINAMICS V90 PN 系列伺服系统。SINAMICS V90 PN 版本只支持通过 PROFIdrive 协议控制。SINAMICS V90 PN 伺服驱动支持 2 种模式：基本定位器（EPOS）模式和速度控制（S）模式。基本定位器（EPOS）模式是通过驱动器实现电机的位置控制，可用于伺服电机的绝对及相对定位；速度控制（S）模式是通过 PROFINET 通信端口实现对伺服电机速度和方向的灵活控制。

本项目使用速度控制模式，速度设定值通过 PROFINET 发送至驱动器，电机的位置控制通过驱动器的速度控制以及 PLC 的位置控制共同控制。

1. 模式设置软件

SINAMICS V90 PN 使用 V-ASSISTANT 软件进行调试和诊断，软件图标和界面如图 8.9 所示。

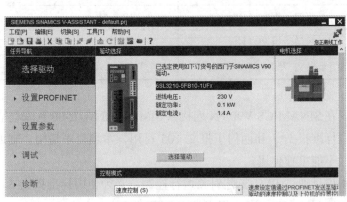

（a）软件图标　　　　　　　　　　　　（b）软件界面

图 8.9　V-ASSISTANT 软件

V-ASSISTANT 软件可以对 SINAMICS V90 PN 伺服驱动的控制模式、PROFINET 设置和参数设置进行编辑。本项目主要讲解基本配置，主要为 PROFINET 的 PN 站名设置和报文设置，设置界面如图 8.10 所示。一定要确保设备名称与博途软件中的设置一致。

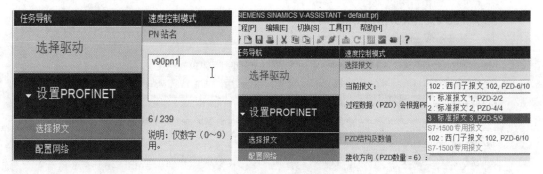

（a）PN 站名设置 　　　　　　　　　　　　（b）报文设置

图 8.10　设置界面

在完成 V-ASSISTANT 软件的配置后，还需要在组态中设置报文，如图 8.11 所示。此外由于博途软件的轴对象已包含斜坡函数，还需要取消伺服驱动器的自带斜坡函数，设置如图 8.12 所示。

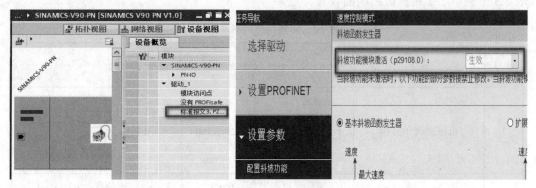

图 8.11　编程软件组态 　　　　　　　图 8.12　V-assistant 软件的设置

2. GSD 文件下载

本项目将 S7-1200 及 SINAMICS V90 PN 通过 PROFINET 通信连接，通过使用 V90 PN 的 GSD 文件，将 V90 PN 组态为 S7-1200 的 IO device。SINAMICS V90 PN 的 GSD 文件需要从官网下载，网址为 https://support.industry.siemens.com/cs/ww/en/view/109737269，网页界面如图 8.13 所示。

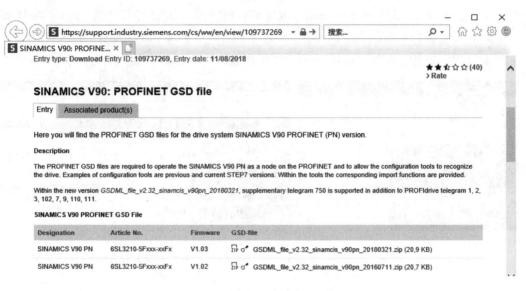

图 8.13　GSD 文件下载网页界面

3. 机械结构的设置

在设计设备前，需了解负载侧的机械结构和步进电机的步进角，确认系统移动精度。表 8.3 中列举了 2 种机械结构的设置特点。

表 8.3　机械结构的设置特点

序号	描述	机械结构	
		滚珠丝杠	圆盘
1	机械系统示意图	负载轴　工件　滚珠丝杠的螺距：6 mm	负载轴　电机
2	识别机械系统	滚珠丝杠的节距：6 mm 减速比：1∶1（联轴器）	旋转角度：360° 减速比：3∶1
3	负载轴每转的位移量	6 mm	360°
4	电机每转负载的位移量	6/1 = 6 mm	360/3 = 120°

本项目使用圆盘机械结构，由于圆盘通过联轴器直接安装在电机轴上，减速比为 1∶1，电机每转负载的位移量为 360°。

4. 伺服回原点

本项目的 PLC 产教应用系统采用西门子增量式伺服电机，在每次开机上电时，PLC 需要通过回原点操作确认伺服电机的机械零点位置。SINAMICS V90 PN 伺服驱动器与西门子 PLC 连接后具有 3 种回原点方式（软件中称为"归位模式"），如图 8.14 所示。

（1）通过 PROFIdrive 报文和接近开关使用零位标记。

当轴或编码器到达接近开关，并按照指定的归位方向移动后，可通过 PROFIdrive 报文启用零位标记检测。在预先选定的方向上到达零位标记后，会将工艺对象的实际位置设置为归位标记位置。

（2）通过 PROFIdrive 报文使用零位标记。

当轴或编码器按照指定的归位方向移动时，系统将通过 PROFIdrive 报文立即启用零位标记检测。在指定的归位方向上到达零位标记后，会将工艺对象的实际位置设置为归位标记位置。

（3）通过数字量输入使用原点开关。

当轴或编码器在指定的归位方向上移动时，系统检测到已到达指定归位方向上的原点开关后，会将工艺对象的实际位置设置为归位标记位置。

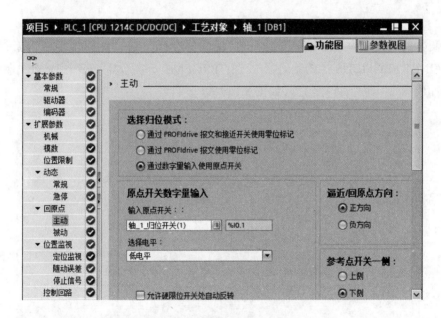

图 8.14　PROFIdrive 归位模式

5. 运动控制对象设置

PROFIdrive 控制的设置与脉冲控制的不同，主要的区别在于需要对驱动器和编码器进行设置。相应的设置位于轴对象的组态设置中。

（1）驱动器的设置。

运动控制对象的驱动器设置需要选择 SINAMICS V90-PN 中的"驱动_1"，如图 8.15 所示。

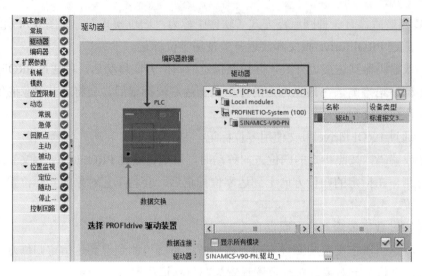

图 8.15 驱动器选择

（2）编码器的设置。

编码器的设置分为"编码器连接"与"编码器选择"，在"编码器连接"选项中选择"PROFINET/PROFIBUS 上的编码器"，在"PROFIdrive 编码器"选项中选择"驱动装置报文的编码器"，即"编码器 1"，如图 8.16 所示。

210

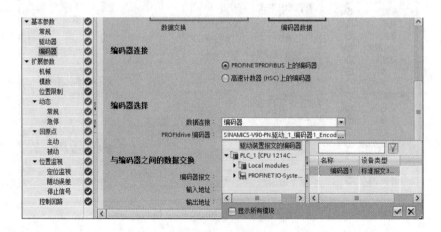

图 8.16 编码器的设置

8.3.4 触摸屏画面切换

本项目需要创建 2 个触摸屏画面，即启动画面和电机状态画面，通过触摸屏上的功能键实现 2 个画面的切换。需要使用全局画面对功能键进行设置。全局画面设置位于"画面管理"文件夹中，如图 8.17 所示。

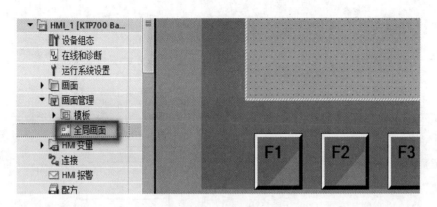

图 8.17　全局画面

画面切换的方法是通过触摸屏"激活屏幕"系统函数，激活不同的画面。"激活屏幕"系统函数在"系统函数"→"画面"中，如图 8.18（a）所示。在画面名称中选择需要激活的画面，系统函数的设置如图 8.18（b）所示。

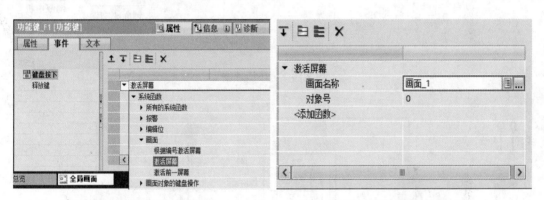

（a）"激活屏幕"系统函数　　　　　　　（b）系统函数的设置

图 8.18　"激活屏幕"的设置

8.4　项目步骤

8.4.1　应用系统连接

本项目基于 PLC 产教应用系统开展，系统内部电路已完成连接，PLC 数字 I/O 部分的电气原理图如图 8.19 所示，实物连线图如图 8.20 所示。

※　伺服定位项目步骤

211

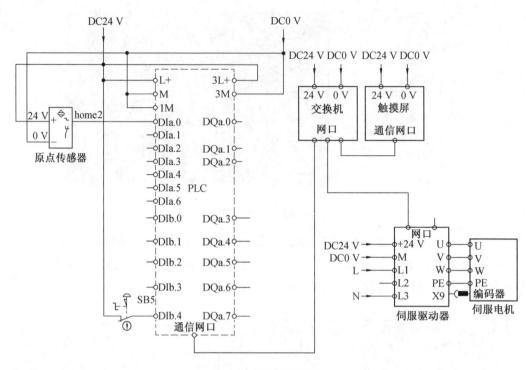

图 8.19 电气原理图

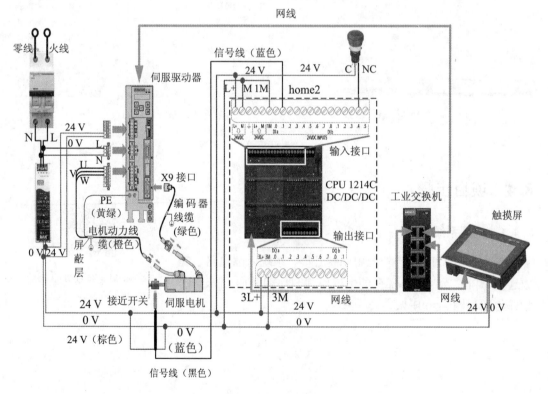

图 8.20 实物连线图

8.4.2　应用系统配置

1. 设置计算机 IP

本项目所有网络设备设置在 192.168.1.1～192.168.1.254 网段，因此将电脑网卡的 IP 地址改为 192.168.1.200，如图 8.21 所示。

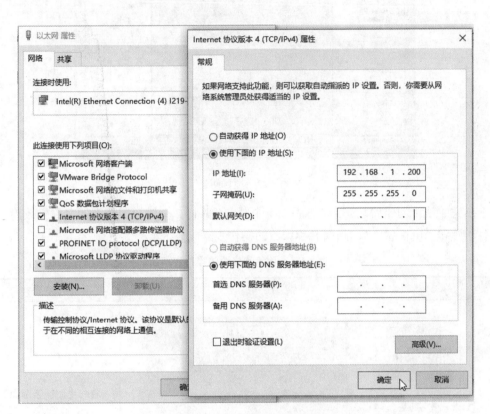

图 8.21　计算机网卡的 IP 地址

213

2. 项目创建

本项目需要创建名称为"项目 5"的项目文件，添加硬件 CPU 1214C DC/DC/DC（以"订货号：6ES7 214-1AG40-0XB0"为例）和 KTP700 Basic PN（以"订货号：6AV2 123-2GB03-0AX0"为例）。添加后进入项目视图，如图 8.22 所示。

图 8.22　项目创建

在完成项目创建后，还需要再添加 1 个画面，并将 2 个触摸屏画面的名称修改为"电机启动"和"电机状态"，画面名称修改的操作步骤见表 8.4。

表 8.4　画面名称修改的操作步骤

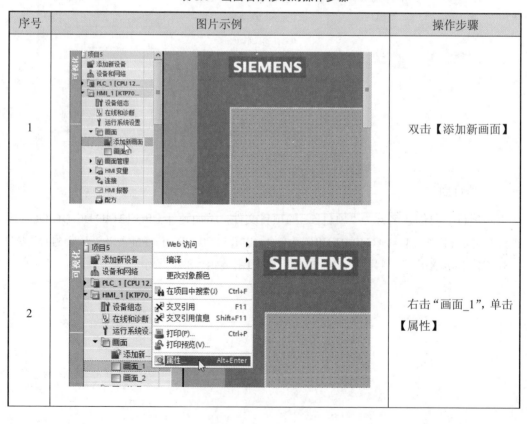

序号	图片示例	操作步骤
1		双击【添加新画面】
2		右击"画面_1"，单击【属性】

214

续表 8.4

序号	图片示例	操作步骤
3	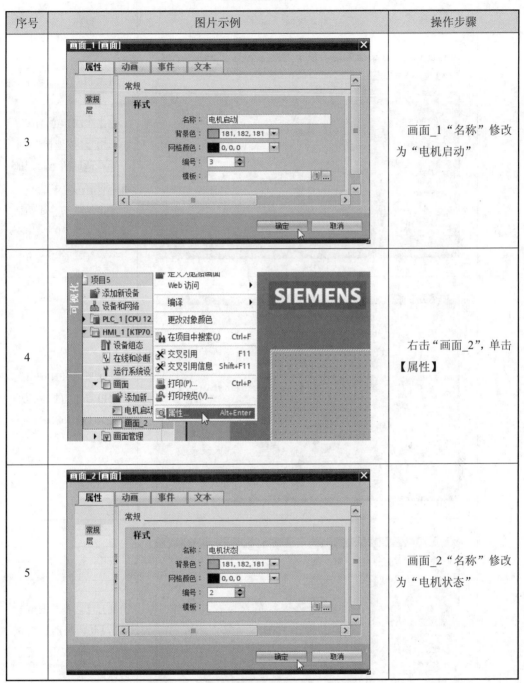	画面_1 "名称" 修改为 "电机启动"
4		右击 "画面_2", 单击【属性】
5		画面_2 "名称" 修改为 "电机状态"

3. PLC 与触摸屏的属性设置

在完成项目创建与触摸屏画面添加后,用户需要设置 PLC 的 I/O 起始地址和 IP 地址,创建子网 "PN/IE_1" 以及触摸屏的 IP 地址。属性设置的操作步骤见表 8.5。

表 8.5 属性设置的操作步骤

序号	图片示例	操作步骤
1	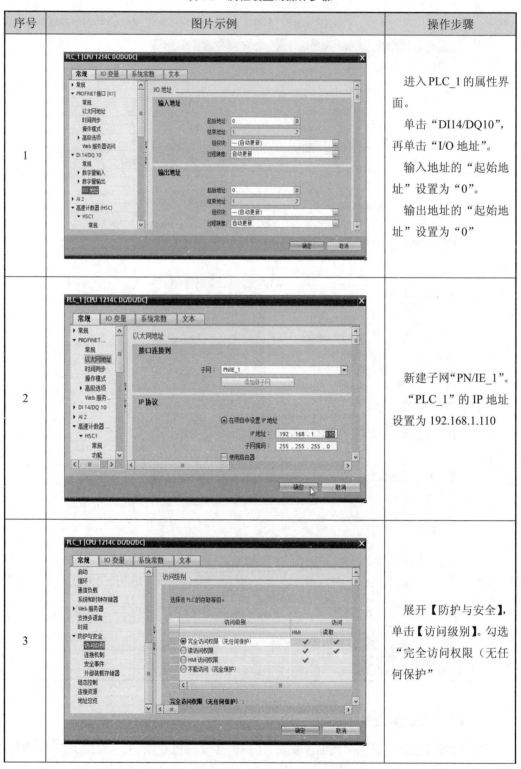	进入 PLC_1 的属性界面。 单击 "DI14/DQ10"，再单击 "I/O 地址"。 输入地址的 "起始地址" 设置为 "0"。 输出地址的 "起始地址" 设置为 "0"
2		新建子网 "PN/IE_1"。 "PLC_1" 的 IP 地址设置为 192.168.1.110
3		展开【防护与安全】，单击【访问级别】。勾选 "完全访问权限（无任何保护"

续表 8.5

序号	图片示例	操作步骤
4	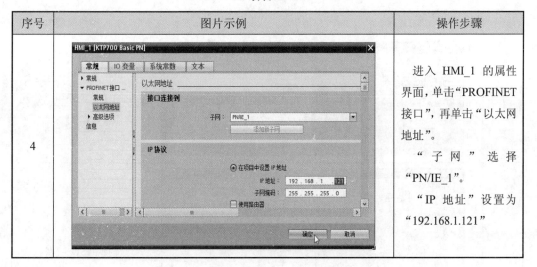	进入 HMI_1 的属性界面，单击"PROFINET 接口"，再单击"以太网地址"。 "子网"选择"PN/IE_1"。 "IP 地址"设置为"192.168.1.121"

4. 添加块

本项目需要添加一个函数块（FB），函数块的名称为"电机控制"，如图 8.23 所示。

图 8.23 添加函数块

5. SINAMICS V90PN 模块的添加

（1）SINAMICS V90 PN 模块的 GSD 文件导入。

打开编程软件，导入 SINAMICS V90 PN 模块的 GSD 文件，具体操作步骤见表 8.6。

表 8.6　GSD 文件导入的操作步骤

序号	图片示例	操作步骤
1	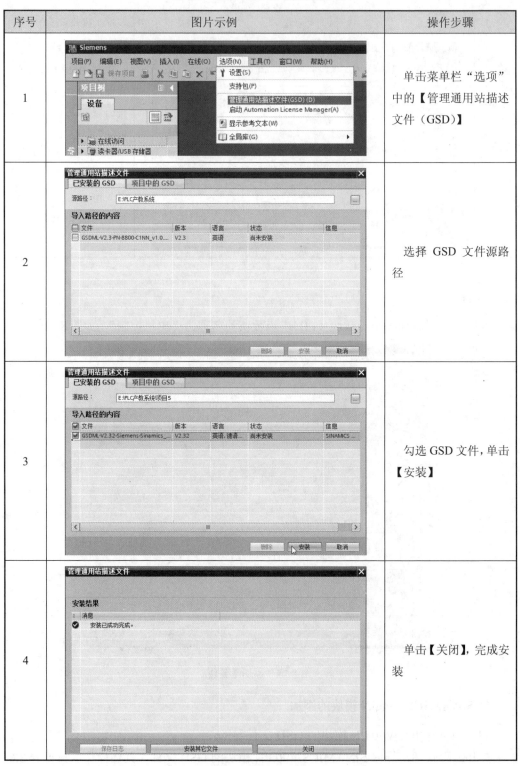	单击菜单栏"选项"中的【管理通用站描述文件（GSD）】
2		选择 GSD 文件源路径
3		勾选 GSD 文件，单击【安装】
4		单击【关闭】，完成安装

（2）SINAMICS V90 PN 模块的添加。

打开项目 5，在设备和网络中添加 SINAMICS V90 PN 模块，具体操作步骤见表 8.7。

表 8.7　添加 SINAMICS V90 PN 模块的操作步骤

序号	图片示例	操作步骤
1	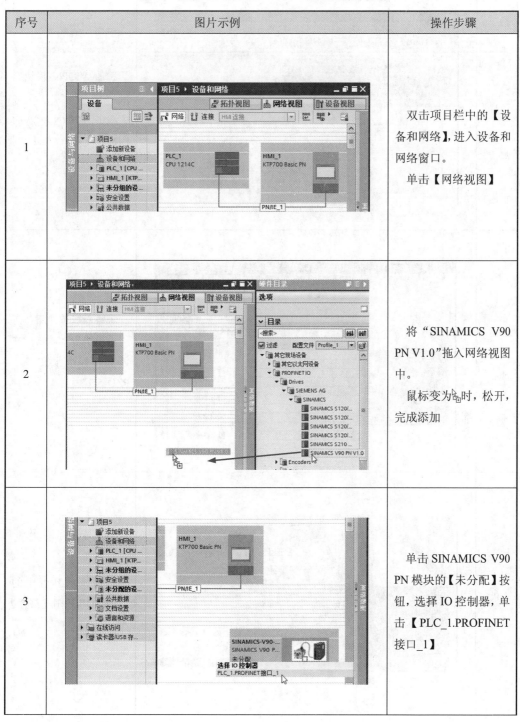	双击项目栏中的【设备和网络】，进入设备和网络窗口。 单击【网络视图】
2		将"SINAMICS V90 PN V1.0"拖入网络视图中。 鼠标变为时，松开，完成添加
3		单击 SINAMICS V90 PN 模块的【未分配】按钮，选择 IO 控制器，单击【PLC_1.PROFINET接口_1】

续表 8.7

序号	图片示例	操作步骤
4	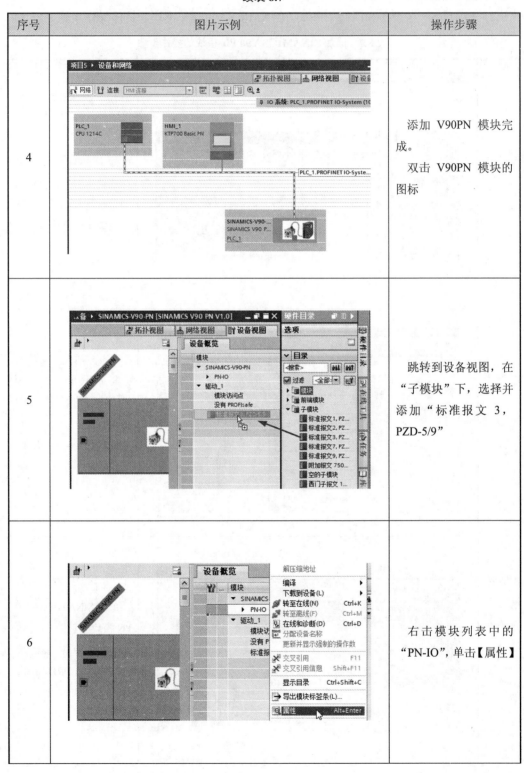	添加 V90PN 模块完成。双击 V90PN 模块的图标
5		跳转到设备视图，在"子模块"下，选择并添加"标准报文 3，PZD-5/9"
6		右击模块列表中的"PN-IO"，单击【属性】

续表 8.7

序号	图片示例	操作步骤
7	PN-IO [PN-IO]　属性　信息　诊断 常规　IO 变量　系统常数　文本 常规 以太网地址 高级选项 添加新子网 IP 协议 ● 在项目中设置 IP 地址 IP 地址：192.168.1.170 子网掩码：255.255.255.0 ☑ 同步路由器设置与 IO 控制器 □ 使用路由器	在操作的窗口中单击【以太网地址】 "IP 地址"设置为"192.168.1.170"
8	PN-IO [PN-IO]　属性　信息　诊断 常规　IO 变量　系统常数　文本 常规 以太网地址 高级选项 ○ 在设备中直接设定 IP 地址 PROFINET □ 自动生成 PROFINET 设备名称 PROFINET 设备名称：v90pn1 转换的名称：v90pn1 设备编号：2	取消勾选"自动生成 PROFINET 设备名称","PROFINET 设备名称"修改为"v90pn1"

（3）SINAMICS V90 PN 伺服驱动器设置。

SINAMICS V90 PN 伺服驱动器设置操作步骤见表 8.8。

表 8.8　伺服驱动器设置的操作步骤

序号	图片示例	操作步骤
1	迷你 USB 电缆　PC	通过专用迷你 USB 线缆将伺服驱动器与电脑连接
2	选择工作模式　SINAMICS V90, 订货号：6SL3210-5FB10-1UFx, V10300 在线 离线 选择语言：中文　确定　取消	打开 V-ASSISTANT 软件，在线模式下，选中"SIAMICS V90"，单击【确定】

221

续表 8.8

序号	图片示例	操作步骤
3	SIEMENS SINAMICS V-ASSISTANT ~ default.prj 工程[P] 编辑[E] 切换[S] 工具[T] 帮助[H] 任务导航 驱动选择 选择驱动 已选定使用如下订货号的西门子SINAMICS V90驱动。 6SL3210-5FB10-1UF0 ▸ 设置 PROFINET　进线电压： 230 V 额定功率： 0.1 kW 额定电流： 1.4 A ▸ 设置参数 ▸ 调试　选择驱动 ▸ 诊断　控制模式 速度控制(S) 速度设定值	使用 V-ASSISTANT 调试软件，在线后检查 SINAMICS V90 PN 的控制模式为"速度控制 (S)"
4	SIEMENS SINAMICS V-ASSISTANT - default.prj 工程[P] 编辑[E] 切换[S] 工具[T] 帮助[H]　您正在线工作 任务导航 速度控制模式 选择报文 选择驱动 当前报文： 3：标准报文 3，PZD-5/9 1：标准报文 1，PZD-2/2 2：标准报文 2，PZD-4/4 ▾ 设置PROFINET　过程数据(PZD)会根据P 3：标准报文 3，PZD-5/9 所选择P 102：西门子报文 102，PZD-6/10 选择报文 PZD结构及对值 S7-1500专用报文 配置网络 接收方向(PZD数量＝5)： 传输方向(PZD数量＝	设置 SINAMICS V90 PN 的"当前报文"为"3：标准报文，PZD-5/9"。
5	任务导航 速度控制模式 PN 站名 选择驱动 v90pn1 ▾ 设置PROFINET 选择报文 6 / 239 配置网络 说明：仅数字（0～9），小写字母（a～z）以及英文字符（-和.）可用。 ▸ 设置参数 IP协议 PN 站的 IP 地址 0 . 0 . 0 . 0 ▸ 调试 PN 站的子网掩码 0 . 0 . 0 . 0 ▸ 诊断 PN 站的默认网关 0 . 0 . 0 . 0 保存并激活 PN 站名及 IP 协议 保存并激活	依次单击【设置PROFINET】→【配置网络】，设置 SINAMICS V90 PN 的"PN 站名"为"v90pn1"（与博途软件设置一致）。 单击【保存并激活】
6	警告 ✕ 为激活设置，请重启驱动。 ☑ 总是显示窗口。 确定	单击【确定】

续表 8.8

序号	图片示例	操作步骤
7	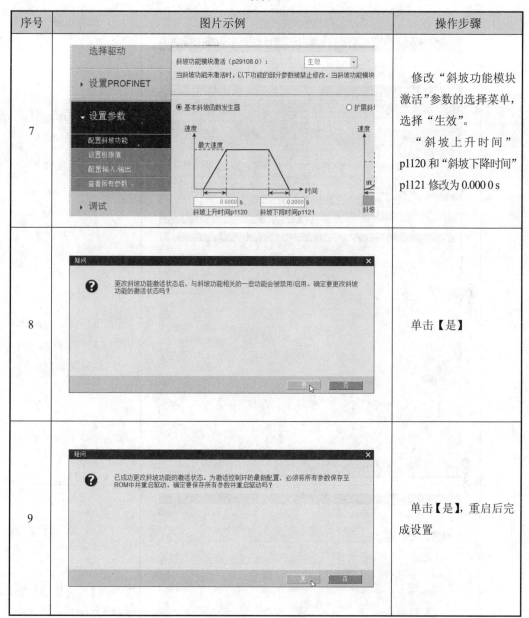	修改"斜坡功能模块激活"参数的选择菜单,选择"生效"。 "斜坡上升时间" p1120 和"斜坡下降时间" p1121 修改为 0.000 0 s
8		单击【是】
9		单击【是】,重启后完成设置

6. 添加工艺对象

（1）新增工艺对象。

新增对象和运动控制向导设置操作步骤见表 8.9。

表 8.9　新增对象和运动控制向导设置操作步骤

序号	图片示例	操作步骤
1	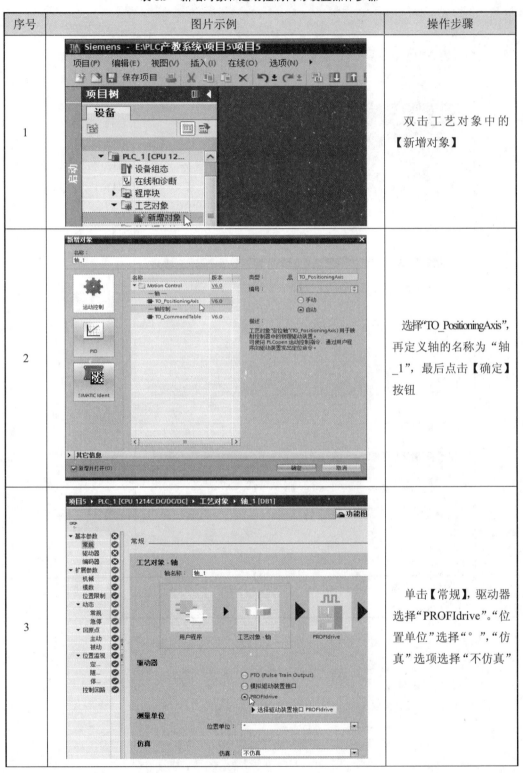	双击工艺对象中的【新增对象】
2		选择"TO_PositioningAxis"，再定义轴的名称为"轴_1"，最后点击【确定】按钮
3		单击【常规】，驱动器选择"PROFIdrive"。"位置单位"选择"°"，"仿真"选项选择"不仿真"

续表 8.9

序号	图片示例	操作步骤
4	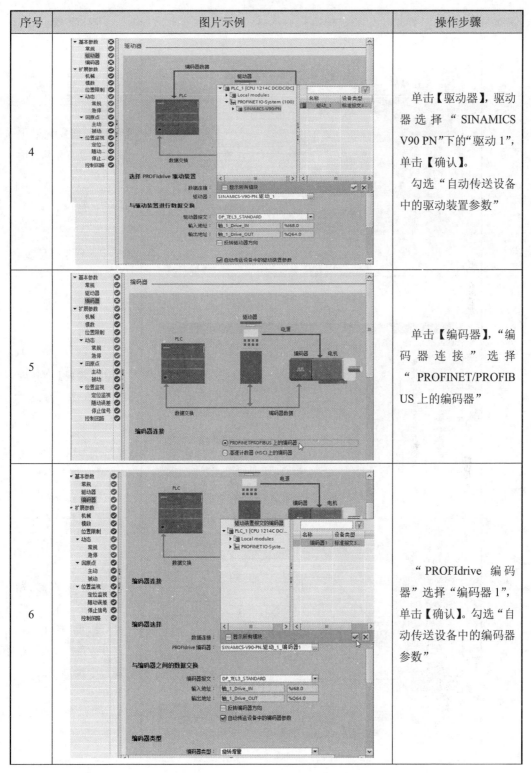	单击【驱动器】，驱动器选择" SINAMICS V90 PN"下的"驱动 1"，单击【确认】。 勾选"自动传送设备中的驱动装置参数"
5		单击【编码器】，"编码器连接"选择" PROFINET/PROFIBUS 上的编码器"
6		" PROFIdrive 编码器"选择"编码器 1"，单击【确认】。勾选"自动传送设备中的编码器参数"

续表 8.9

序号	图片示例	操作步骤
7	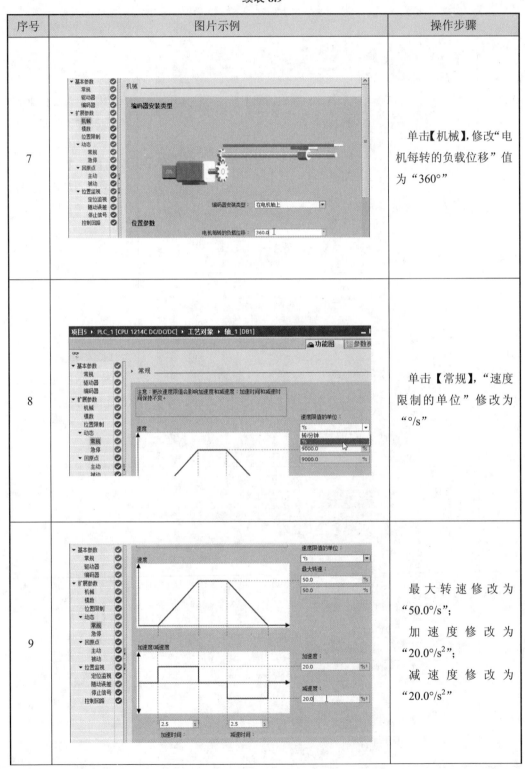	单击【机械】,修改"电机每转的负载位移"值为"360°"
8		单击【常规】,"速度限制的单位"修改为"°/s"
9		最大转速修改为"50.0°/s"; 加速度修改为"20.0°/s²"; 减速度修改为"20.0°/s²"

续表 8.9

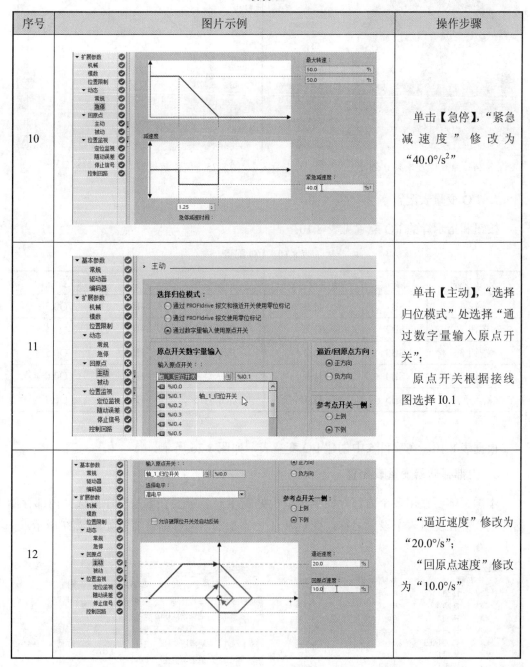

序号	图片示例	操作步骤
10		单击【急停】，"紧急减速度"修改为"40.0°/s^2"
11		单击【主动】，"选择归位模式"处选择"通过数字量输入原点开关"； 原点开关根据接线图选择 I0.1
12		"逼近速度"修改为"20.0°/s"； "回原点速度"修改为"10.0°/s"

（2）原点偏移设置。

在添加轴对象后，可以使用调试模式测试原点位置，如果发现原点位置未到 0 刻度，如图 8.24 所示，需要设置原点偏移，本项目中的设备需要将偏移量设置为 30°，如图 8.25 所示。

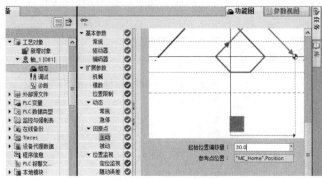

图 8.24　原点位置未到 0 刻度　　　　图 8.25　偏移量设置

7. I/O 变量表配置

按钮和指示灯的 I/O 配置见表 8.10。

表 8.10　I/O 配置

变量名称	标识	PLC 输入	变量名称	标识	PLC 输出
按钮 1	SB1	I1.0	指示灯 1	HL1	Q0.3
按钮 2	SB2	I1.1	指示灯 2	HL2	Q0.4
按钮 3	SB3	I1.2	指示灯 3	HL3	Q0.5
按钮 4	SB4	I1.3	指示灯 4	HL4	Q0.6
急停开关	SB5	I1.4	指示灯 5	HL5	Q0.7

根据表 8.10，在项目 5 中创建 I/O 变量表，如图 8.26 所示。

8. 内部存储器变量表配置

本项目需要使用多个内部存储器变量，见表 8.11。需要在编写程序前选择内部存储器变量，并在变量表中设置名称，变量表_1 中添加的内部存储器变量如图 8.27 所示。

变量表_1	名称	数据类型	地址
1	按钮1	Bool	%I1.0
2	按钮2	Bool	%I1.1
3	按钮3	Bool	%I1.2
4	按钮4	Bool	%I1.3
5	急停按钮	Bool	%I1.4
6	指示灯1	Bool	%Q0.3
7	指示灯2	Bool	%Q0.4
8	指示灯3	Bool	%Q0.5
9	指示灯4	Bool	%Q0.6
10	指示灯5	Bool	%Q0.7

变量表_1	名称	数据类型	地址
11	运行标志	Bool	%M1.0
12	电机使能状态	Bool	%M1.1
13	原点动作完成	Bool	%M1.2
14	触摸屏启动	Bool	%M2.0
15	触摸屏停止	Bool	%M2.1
16	电机运动	Bool	%M2.2
17	电机当前位置	Real	%MD10
18	电机当前速度	Real	%MD14

图 8.26　I/O 变量表　　　　　图 8.27　内部存储器变量表

表 8.11　内部存储器变量地址

地址	数据类型	说明	地址	数据类型	说明
M1.0	BOOL	运行标志	M2.1	BOOL	触摸屏停止
M1.1	BOOL	电机使能状态	M2.2	BOOL	电机运动
M1.2	BOOL	原点动作完成	MD10	REAL	电机当前位置
M2.0	BOOL	触摸屏启动	MD14	REAL	电机当前速度

8.4.3　主体程序设计

本项目主体程序为 PLC 程序。PLC 程序由名称为"main"的 OB1 组织块和名称为"电机控制"的函数块组成。

1. "main"组织块

最终绘制见表 8.12 的梯形图。

表 8.12　梯形图绘制的操作步骤

序号	图片示例	操作步骤
1	程序段 1：	使用 SR 触发器置位运行标志
2	程序段 2：	调用"电机控制"函数块

2. "电机控制"函数块

"电机控制"函数块的程序段内容的操作步骤见表 8.13。

表 8.13　程序段内容的操作步骤

序号	图片示例	操作步骤
1	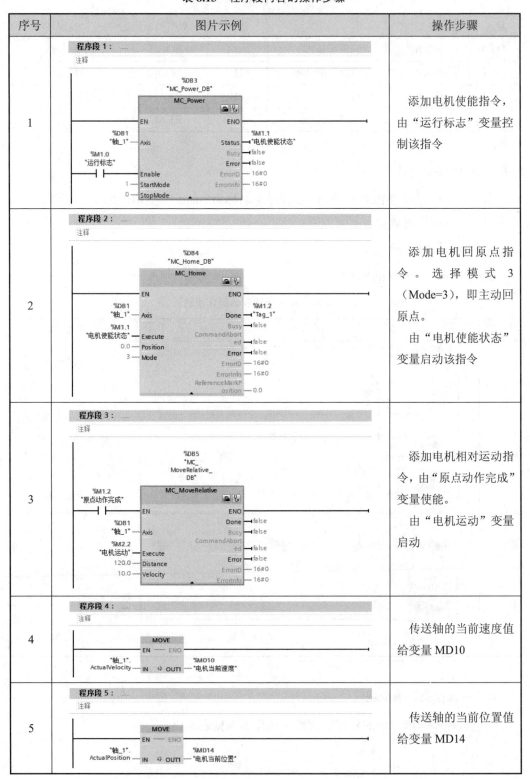	添加电机使能指令，由"运行标志"变量控制该指令
2		添加电机回原点指令。选择模式 3（Mode=3），即主动回原点。 由"电机使能状态"变量启动该指令
3		添加电机相对运动指令，由"原点动作完成"变量使能。 由"电机运动"变量启动
4		传送轴的当前速度值给变量 MD10
5		传送轴的当前位置值给变量 MD14

230

8.4.4　关联程序设计

本项目的关联程序为触摸屏画面，即"电机启动"画面和"电机状态"画面。

1. "电机启动"画面

"电机启动"画面用于控制系统的启动与停止，画面如图 8.28 所示，其中【启动】按钮对应的变量为 M2.0，【停止】按钮对应变量为 M2.1。

图 8.28　"电机启动"画面

具体的设计操作步骤见表 8.14。

表 8.14　"电机启动"画面设计的操作步骤

序号	图片示例	操作步骤
1	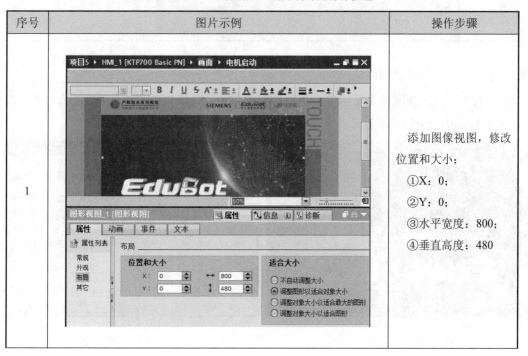	添加图像视图，修改位置和大小： ①X：0； ②Y：0； ③水平宽度：800； ④垂直高度：480

续表 8.14

序号	图片示例	操作步骤
2	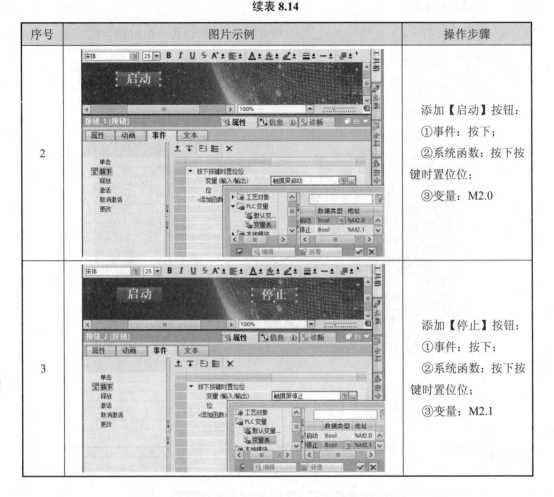	添加【启动】按钮： ①事件：按下； ②系统函数：按下按键时置位位； ③变量：M2.0
3		添加【停止】按钮： ①事件：按下； ②系统函数：按下按键时置位位； ③变量：M2.1

2. "电机状态" 画面

"电机状态" 画面用于显示电机当前的速度与位置值和控制电机运动，画面如图 8.29 所示，需要 1 个按钮、2 个文本域和 2 个 I/O 域，对应的变量如图 8.30 所示。

图 8.29   "电机状态" 画面

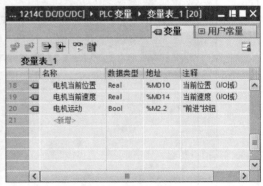

图 8.30   对应的变量

具体的设计操作步骤见表 8.15。

表 8.15　电机状态画面设计的操作步骤

序号	图片示例	操作步骤
1		添加图像视图，勾选"调整图形以适合对象大小"。 修改位置和大小： ①X：0； ②Y：0； ③水平宽度：800； ④垂直高度：480
2		添加【前往】按钮： ①事件：按下； ②系统函数：按下按键时置位位； ③变量：M2.2
3		添加文本域： ①文本："当前速度："； ②字体：宋体，21 px，style=Bold； ③勾选"使对象适合内容"

续表 8.15

序号	图片示例	操作步骤
4	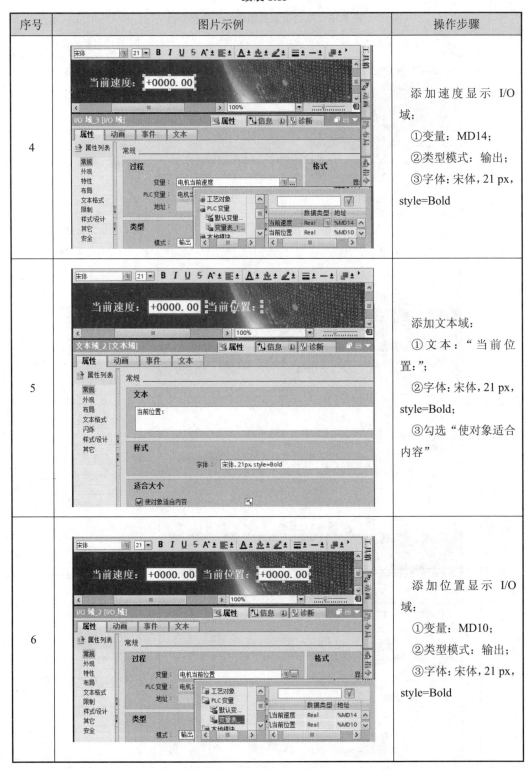	添加速度显示 I/O 域： ①变量：MD14； ②类型模式：输出； ③字体：宋体，21 px，style=Bold
5		添加文本域： ①文本："当前位置："； ②字体：宋体，21 px，style=Bold； ③勾选"使对象适合内容"
6		添加位置显示 I/O 域： ①变量：MD10； ②类型模式：输出； ③字体：宋体，21 px，style=Bold

3. 画面切换功能

画面切换设置的操作步骤见表 8.16。

表 8.16　画面切换设置的操作步骤

序号	图片示例	操作步骤
1	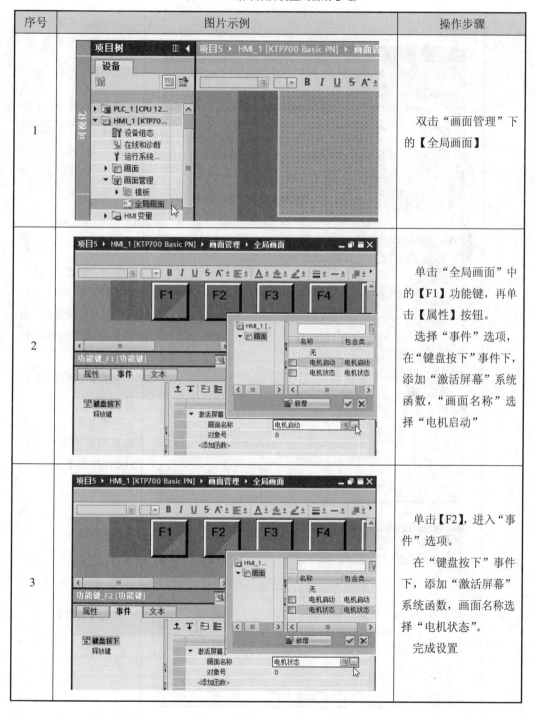	双击"画面管理"下的【全局画面】
2		单击"全局画面"中的【F1】功能键,再单击【属性】按钮。 选择"事件"选项,在"键盘按下"事件下,添加"激活屏幕"系统函数,"画面名称"选择"电机启动"
3		单击【F2】,进入"事件"选项。 在"键盘按下"事件下,添加"激活屏幕"系统函数,画面名称选择"电机状态"。 完成设置

235

8.4.5 项目程序调试

用户可以通过强制表和监控表调试电机控制程序，调试步骤见表 8.17。

表 8.17 调试的操作步骤

序号	图片示例	操作步骤
1		单击工具栏中的【↓】（下载到设备）按钮
2		"接口/子网"的连接选择"插槽"1×1"处的方向"；"选择目标设备"为"显示所有兼容的设备"。单击【开始搜索】按钮。等待搜索完成后，在设备列表中选择所连 PLC，单击【下载】按钮
3		单击【装载】

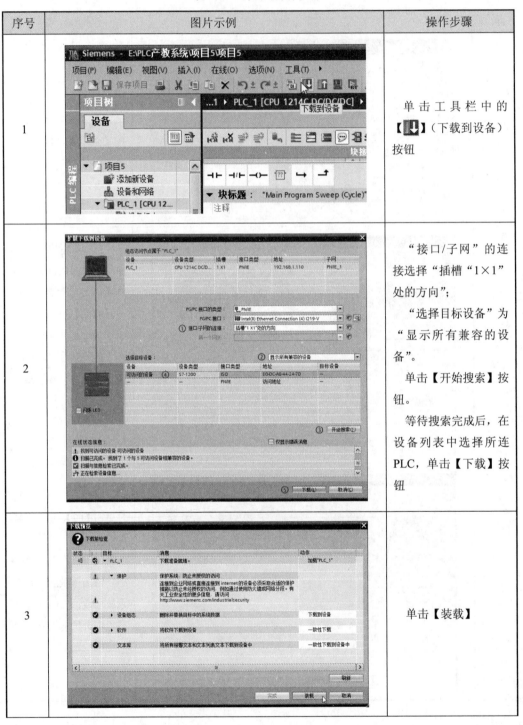

续表 8.17

序号	图片示例	操作步骤
4		"动作"选择"启动模块",再单击【完成】
5		单击菜单栏"在线"中的【转至在线】按钮
6		双击【强制表】
7		添加"急停按钮"的强制表。单击【🔲】(全部监视)按钮

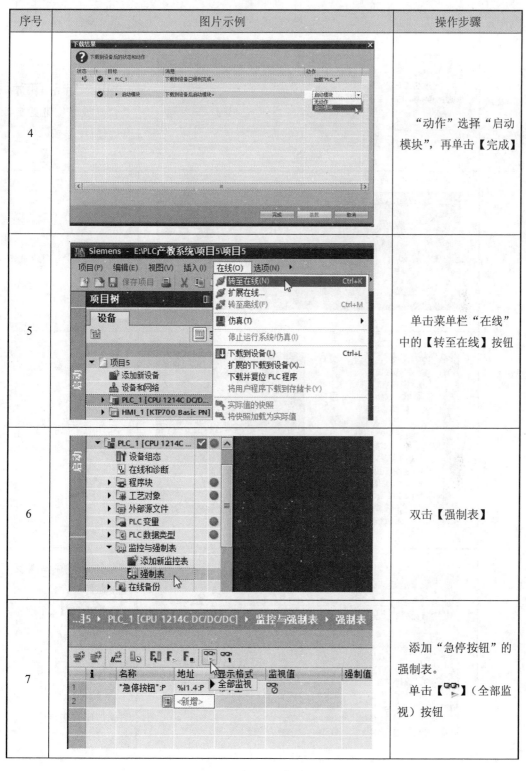

续表 8.17

序号	图片示例	操作步骤
8	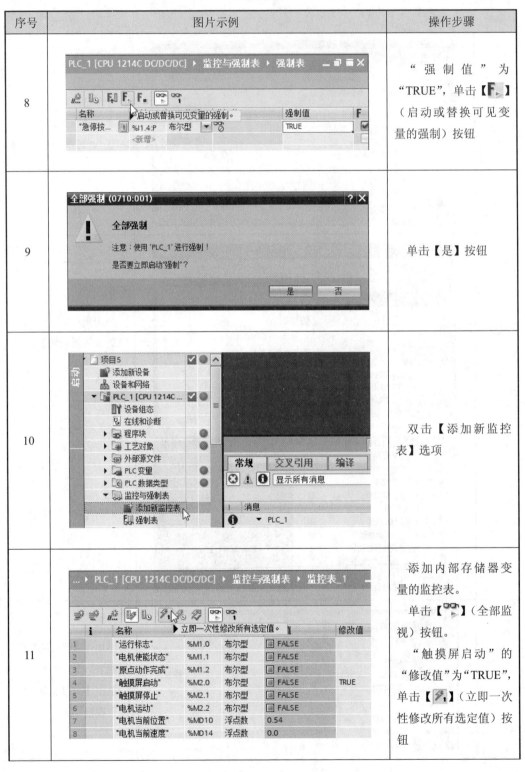	"强制值"为"TRUE"，单击【F▸】（启动或替换可见变量的强制）按钮
9		单击【是】按钮
10		双击【添加新监控表】选项
11		添加内部存储器变量的监控表。 单击【◲▸】（全部监视）按钮。 "触摸屏启动"的"修改值"为"TRUE"，单击【ℱ₁】（立即一次性修改所有选定值）按钮

238

续表 8.17

序号	图片示例	操作步骤
12	...▶ PLC_1 [CPU 1214C DC/DC/DC] ▶ 监控与强制表 ▶ 监控表_1 　i　名称　地址　显示格式　监视值　修改值 1　"运行标志"　%M1.0　布尔型　TRUE 2　"电机使能状态"　%M1.1　布尔型　TRUE 3　"原点动作完成"　%M1.2　布尔型　TRUE 4　"触摸屏启动"　%M2.0　布尔型　TRUE　TRUE 5　"触摸屏停止"　%M2.1　布尔型　FALSE 6　"电机运动"　%M2.2　布尔型　FALSE 7　"电机当前位置"　%MD10　浮点数　0.0 8　"电机当前速度"　%MD14　浮点数　0.0	电机运行,并开始回原点动作
13	...▶ PLC_1 [CPU 1214C DC/DC/DC] ▶ 监控与强制表 ▶ 监控表_1 　i　名称　▶ 立即一次性修改所有选定值。　修改值 1　"运行标志"　%M1.0　布尔型　TRUE 2　"电机使能状态"　%M1.1　布尔型　TRUE 3　"原点动作完成"　%M1.2　布尔型　TRUE 4　"触摸屏启动"　%M2.0　布尔型　TRUE　FALSE 5　"触摸屏停止"　%M2.1　布尔型　FALSE 6　"电机运动"　%M2.2　布尔型　FALSE　TRUE 7　"电机当前位置"　%MD10　浮点数　0.0 8　"电机当前速度"　%MD14　浮点数　0.0	"触摸屏启动"的"修改值"为"FALSE"。 "电机运动"的"修改值"为"TRUE"。 单击【⚡】(立即一次性修改所有选定值)按钮
14	转动至	电机转动至 120° 后
15	...▶ PLC_1 [CPU 1214C DC/DC/DC] ▶ 监控与强制表 ▶ 监控表_1 　i　名称　▶ 立即一次性修改所有选定值。　修改值 1　"运行标志"　%M1.0　布尔型　TRUE 2　"电机使能状态"　%M1.1　布尔型　TRUE 3　"原点动作完成"　%M1.2　布尔型　TRUE 4　"触摸屏启动"　%M2.0　布尔型　FALSE　FALSE 5　"触摸屏停止"　%M2.1　布尔型　FALSE　TRUE 6　"电机运动"　%M2.2　布尔型　TRUE　FALSE 7　"电机当前位置"　%MD10　浮点数　119.988 8　"电机当前速度"　%MD14　浮点数　-3.6	"触摸屏停止"的"修改值"为"TRUE"。 "电机运动"的"修改值"为"FALSE"。 单击【⚡】(立即一次性修改所有选定值)按钮

续表 8.17

序号	图片示例	操作步骤
16	... ▶ PLC_1 [CPU 1214C DC/DC/DC] ▶ 监控与强制表 ▶ 监控表_1 ▶ 立即一次性修改所有选定值。 i 名称 值 修改值 1 "运行标志" %M1.0 布尔型 FALSE 2 "电机使能状态" %M1.1 布尔型 FALSE 3 "原点动作完成" %M1.2 布尔型 FALSE 4 "触摸屏启动" %M2.0 布尔型 FALSE FALSE 5 "触摸屏停止" %M2.1 布尔型 TRUE FALSE 6 "电机运动" %M2.2 布尔型 FALSE FALSE 7 "电机当前位置" %MD10 浮点数 119.952 16#01 8 "电机当前速度" %MD14 浮点数 0.0	"触摸屏停止"的 "修改值"为"FALSE"。 单击【🗲】（立即一次性修改所有选定值）按钮
17	SIEMENS RDY COM S oFF	电机伺服使能关闭

18	▼ PLC_1 [CPU 1214C ...
	     设备组态
	     在线和诊断
	 ▶ 程序块
	 ▶ 工艺对象
	 ▶ 外部源文件
	 ▶ PLC 变量
	 ▶ PLC 数据类型
	 ▼ 监控与强制表
	     添加新监控表
	     强制表
	 ▶ 在线备份
		双击【强制表】

19	...35 ▶ PLC_1 [CPU 1214C DC/DC/DC] ▶ 监控与强制表 ▶ 强制表 ▶ 停止所选地址的强制 i 名称 监视值 强制值 1 F "急停按钮":P %I1.4:P 布尔型 TRUE 2 <新增>	单击【🇫】（停止所选地址的强制）按钮

续表 8.17

序号	图片示例	操作步骤
20	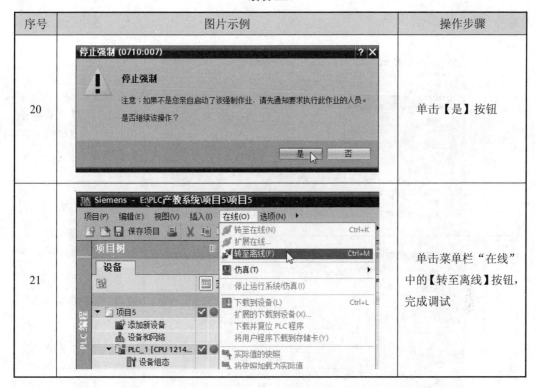	单击【是】按钮
21		单击菜单栏"在线"中的【转至离线】按钮,完成调试

241

8.4.6 项目总体运行

项目总体运行的操作步骤见表 8.18。

表 8.18 总体运行的操作步骤

序号	图片示例	操作步骤
1		设备开机后,设置触摸屏自动启动等待时间。 "Wait"时间选择"5 sec."; 设置完成后单击【Transfer】按钮

续表 **8.18**

序号	图片示例	操作步骤
2	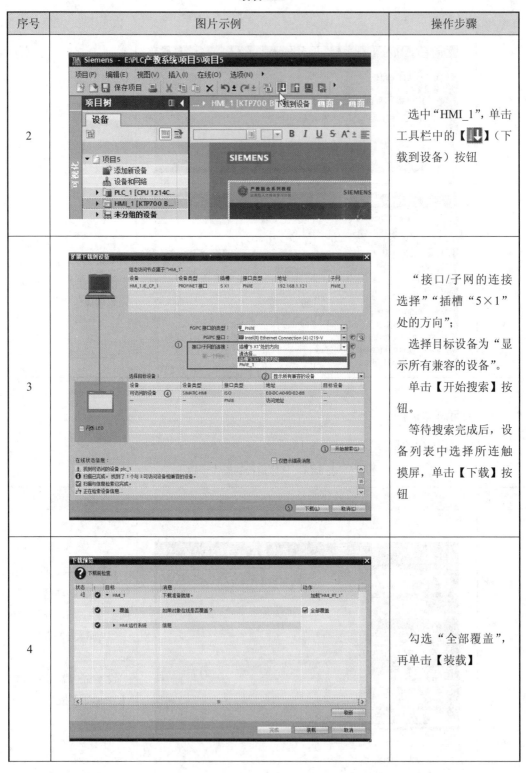	选中"HMI_1"，单击工具栏中的【↓】（下载到设备）按钮
3		"接口/子网的连接选择""插槽"5×1"处的方向"； 选择目标设备为"显示所有兼容的设备"。 单击【开始搜索】按钮。 等待搜索完成后，设备列表中选择所连触摸屏，单击【下载】按钮
4		勾选"全部覆盖"，再单击【装载】

续表 8.18

序号	图片示例	操作步骤
5	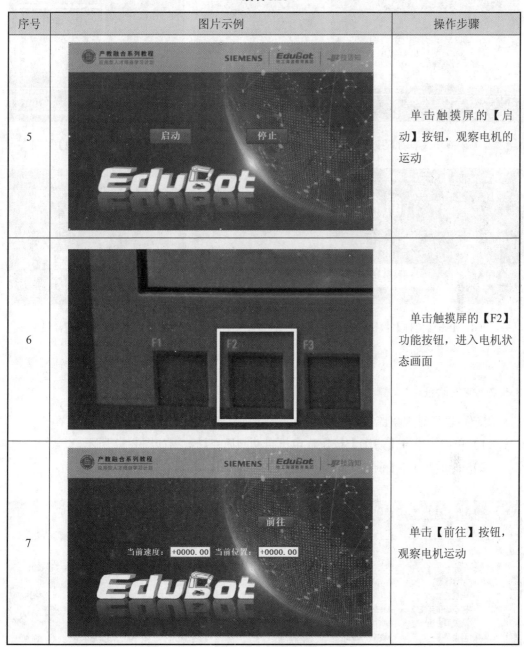	单击触摸屏的【启动】按钮，观察电机的运动
6		单击触摸屏的【F2】功能按钮，进入电机状态画面
7		单击【前往】按钮，观察电机运动

8.5　项目验证

8.5.1　效果验证

设备运行的效果如图 8.31 所示。

（a）单击【启动】按钮

（b）电机回到原点

（c）单击触摸屏【F2】按钮

（d）单击【前往】按钮

（e）电机转动 120°

（f）单击【停止】按钮，设备停止

图 8.31　运行的效果

8.5.2　数据验证

用户可以通过观察监控表内部存储器变量的状态，验证数据。

（1）单击触摸屏【启动】按钮，电机自动回原点，数据如图 8.32 所示。

（2）单击触摸屏【前往】按钮，电机移动到 120°附近，数据如图 8.33 所示。

	i	名称	地址	显示格式	监视值
1		"运行标志"	%M1.0	布尔型	TRUE
2		"电机使能状态"	%M1.1	布尔型	TRUE
3		"原点动作完成"	%M1.2	布尔型	TRUE
4		"触摸屏启动"	%M2.0	布尔型	TRUE
5		"触摸屏停止"	%M2.1	布尔型	FALSE
6		"电机运动"	%M2.2	布尔型	FALSE
7		"电机当前位置"	%MD10	浮点数	0.0
8		"电机当前速度"	%MD14	浮点数	0.0

图 8.32　自动回原点的数据

	i	名称	地址	显示格式	监视值
1		"运行标志"	%M1.0	布尔型	TRUE
2		"电机使能状态"	%M1.1	布尔型	TRUE
3		"原点动作完成"	%M1.2	布尔型	TRUE
4		"触摸屏启动"	%M2.0	布尔型	FALSE
5		"触摸屏停止"	%M2.1	布尔型	FALSE
6		"电机运动"	%M2.2	布尔型	TRUE
7		"电机当前位置"	%MD10	浮点数	119.988
8		"电机当前速度"	%MD14	浮点数	-3.6

图 8.33　电机移动到 120°附近的数据

8.6　项目总结

8.6.1　项目评价

读者完成训练项目后，填写表 8.19 的评价表，包括自评、互评和完成情况说明。

表 8.19　项目评价表

项目指标		分值	自评	互评	完成情况说明
项目分析	1. 硬件架构分析	6			
	2. 软件架构分析	6			
	3. 项目流程分析	6			
项目要点	1. GSD 管理	6			
	2. PROFIdrive 驱动装置	6			
	3. 伺服系统的设置	6			
	4. 触摸屏画面切换	6			
项目步骤	1. 应用系统连接	8			
	2. 应用系统配置	8			
	3. 主体程序设计	8			
	4. 关联程序设计	8			
	5. 项目程序调试	8			
	6. 项目运行调试	8			
项目验证	1. 效果验证	5			
	2. 数据验证	5			
合计		100			

8.6.2　项目拓展

本拓展项目的内容为利用 PLC 产教应用系统，实现每按一下触摸屏【前往】按钮（图 8.34），分度盘转动 60° 的功能，分度盘如图 8.35 所示。

图 8.34　触摸屏画面

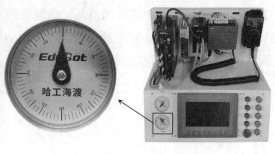

图 8.35　分度盘

第 9 章　基于伺服控制的绝对定位项目

9.1　项目目的

9.1.1　项目背景

※　绝对定位项目目的

　　数控机床是一种高加工精度的机械装置，如图 9.1 所示，要使它的发展满足当今生产的需要，即满足加工复杂、高精度工件的目的和提高其加工效率，刀具交换系统的发展显得极为重要。作为刀具交换系统的主要部件——刀架，它的使用可以有效扩大机床的工艺范围，提高机床的加工效率，减少人为误差。伺服刀架是数控机床实现自动换刀的机构，通过伺服电机的绝对定位，可以实现刀具的精确切换，伺服刀架如图 9.2 所示。

图 9.1　数控机床

图 9.2　伺服刀架

9.1.2　项目需求

　　本项目 PLC、伺服驱动器、触摸屏通过网络通信，需求框架如图 9.3（a）所示。触摸屏设计两个可以互相切换的画面，画面规划如图 9.3（b）所示，一个画面控制电机的启动与停止，另一个画面控制电机的相对运动，在触摸屏上选择需要到达的位置，按下前往按钮，伺服电机转动到选择的位置。

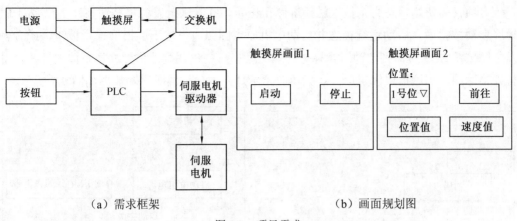

（a）需求框架　　　　　　　　　　（b）画面规划图

图 9.3　项目需求

9.1.3　项目目的

通过对本项目的学习，可以实现以下学习目标。

（1）学习触摸屏文本列表的设置方法。

（2）学习绝对运动指令的用法。

（3）学习比较指令的用法。

9.2　项目分析

9.2.1　项目构架

本项目框架由开关电源模块、PLC 模块、触摸屏模块、交换机模块、按钮模块和伺服电机驱动器模块组成，项目构架如图 9.4（a）所示。按钮和指示灯的标识如图 9.4（b）所示。

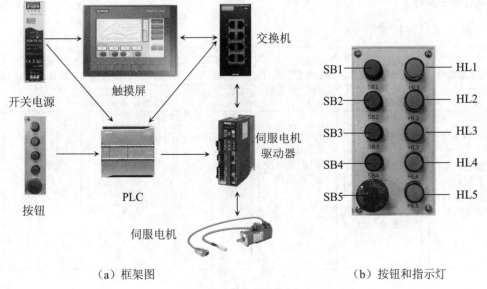

（a）框架图　　　　　　　　　　　　（b）按钮和指示灯

图 9.4　项目构架

本项目的初始状态为未按下触摸屏停止按钮，并且未触发急停按钮 SB5；当按下触摸屏启动按钮后，启动运行标志并启动电机原点回归；当按下触摸屏停止按钮，或者触发急停按钮 SB5 时，则取消运行标志；当在触摸屏中选择到达位置并按下前进按钮，电机开始运动，到达指定位置后，点亮相应指示灯。本项目的顺序功能图如图 9.5 所示。

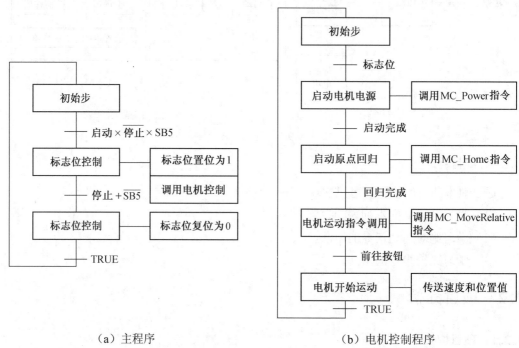

（a）主程序　　　　　　　　　　（b）电机控制程序

图 9.5　顺序功能图

9.2.2　项目流程

本项目实施流程如图 9.6 所示。

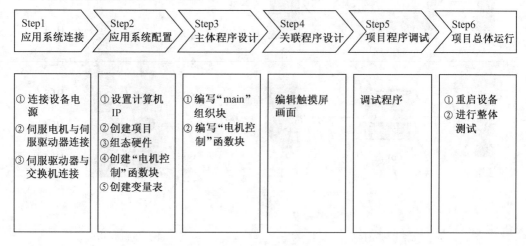

图 9.6　实施流程

9.3　项目要点

9.3.1　触摸屏文本列表

※　绝对定位项目要点

文本列表是为文本条目分配对应的值。本项目需要在组态中将文本列表分配给符号 I/O 域，为对象提供要显示的文本。文本列表在"文本和图形列表"编辑器中创建，如图 9.7 所示。

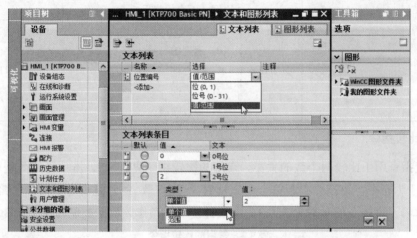

图 9.7　文本列表

文本列表的取值选择有 3 种。

（1）值/范围。

"值/范围"设置会为文本列表中的文本条目分配一个整数值或变量的某个取值范围。本项目使用此设置。用户可根据需要选择文本条目的数量。条目的最大数量取决于正在使用的 HMI 设备。

（2）位（0、1）。

"位（0、1）"设置会为文本列表中的文本条目分配 BOOL 型变量的"0"或"1"状态。用户可为 BOOL 型变量的每个状态都创建 1 个文本条目，即条目的最大数量为 2。

（3）位号（0 - 31）。

"位号（0 - 31）"设置会将文本列表中的文本条目分配给变量的各个位。本设置的文本条目最大数是 32。例如在执行顺序控制，并且只能设置为所用变量中某个位时，可使用此格式的文本列表。

9.3.2　绝对运动指令

绝对运动指令名称为 MC_MoveAbsolute，用于将轴移动到某个绝对位置，常用参数见表 9.1。

注：用户使用 MC_MoveAbsolute 指令之前必须执行回原点指令。

表 9.1　MC_MoveAbsolute 子例程

例程	参数	功能说明	类型
MC_MoveAbsolute EN　ENO Axis　Done Execute　Busy Position　CommandAborted Velocity　Error Direction　ErrorID ErrorInfo	Axis	已组态好的工艺对象名称	TO_PositioningAxis
	Execute	上升沿启动命令	BOOL
	Position	定位操作的移动距离	REAL
	Velocity	轴的速度，由于所组态的加速度和减速度以及要途经的距离等原因，不会始终保持这一速度	REAL
	Direction	轴的运动方向 0：速度的符号 1：正方向 2：负方向 3：最近距离	INT

9.3.3　比较指令

比较指令用于比较两个数的大小，常用的比较指令见表 9.2。本项目需要使用"CMP = =：等于"指令，该指令判断第一个比较值（<操作数 1>）是否等于第二个比较值（<操作数 2>），该指令的参数见表 9.3，本项目使用的操作数数据类型为字节（Byte）。

表 9.2　常用的比较指令

选项	LAD	说明
<???> ==　▼ > == <> < >= <=	CMP = =	等于
	CMP >	大于
	CMP <>	不等于
	CMP <	小于
	CMP >=	大于等于
	CMP <=	小于等于

表 9.3　等于指令

例程	参数	功能说明
<???> == Byte <???>	上方 <???>	操作数 1
	下方 <???>	操作数 2
	Byte	操作数的数据类型

9.4　项目步骤

9.4.1　应用系统连接

本项目基于 PLC 产教应用系统开展，系统内部电路已完成连接，PLC 数字 I/O 部分的电气原理图如图 9.8 所示，实物连线图如图 9.9 所示。

※ 绝对定位项目步骤

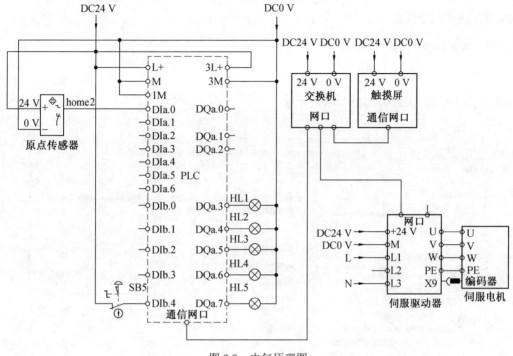

图 9.8　电气原理图

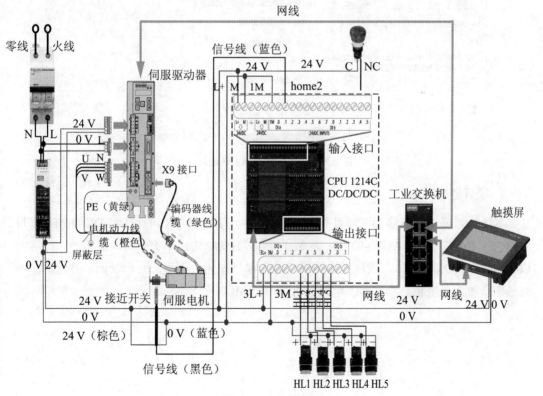

图 9.9　实物连线图

251

9.4.2 应用系统配置

1. 设置计算机 IP

本项目所有网络设备设置在 192.168.1.1～192.168.1.254 网段，因此将电脑网卡的 IP 地址改为 192.168.1.200，如图 9.10 所示。

图 9.10　电脑计算机的 IP 地址

2. 项目创建

本项目需要创建名称为"项目 6"的项目文件，添加硬件 CPU1214C DC/DC/DC（以订货号：6ES7 214-1AG40-0XB0 为例）和 KTP700 Basic PN（以订货号：6AV2 123-2GB03-0AX0 为例）。项目创建完成后进入项目视图，再添加一个画面，并将两个画面名称修改为"电机启动"和"电机状态"，如图 9.11 所示。

图 9.11　项目创建

3. PLC 与触摸屏的属性设置

在完成项目创建后，还需要设置 PLC 的 I/O 起始地址和 IP 地址，创建子网"PN/IE_1"以及触摸屏的 IP 地址。具体设置内容见表 9.4。

表 9.4　属性设置内容

序号	图片示例	操作步骤
1		进入 PLC_1 的属性界面。 展开"DI 14/DQ 10"，再单击【I/O 地址】。 输入地址的"起始地址"设置为"0"； 输出地址的"起始地址"设置为"0"

续表 9.4

序号	图片示例	操作步骤
2		新建子网"PN/IE_1"。"PLC_1"的"IP地址"设置为"192.168.1.110"
3		展开【防护与安全】，单击【访问级别】。勾选"完全访问权限（无任何保护）"
4		进入 HMI_1 的属性界面，依次单击【PROFINET接口】→【以太网地址】。子网选择"PN/IE_1"。"IP地址"设置为"192.168.1.121"

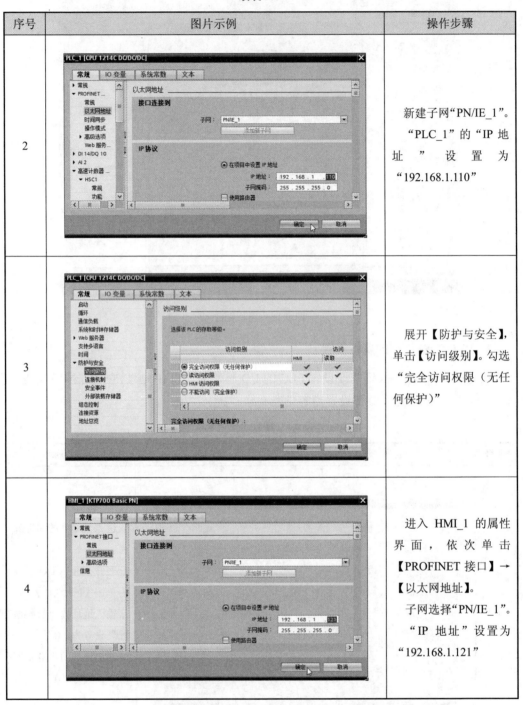

254

4. 添加块

本项目需要添加一个函数块（FB），函数块的名称为"电机控制"，如图 9.12 所示。

图 9.12　添加函数块

5. SINAMICS V90 PN 模块的添加

（1）SINAMICS V90 PN 模块的 GSD 文件导入。

GSD 文件导入的方法是在菜单栏中单击【选项】→【管理通用站描述文件（GSD）】，打开 GSD 文件管理，并完成 GSD 文件的导入，如图 9.13 所示。

（a）"选项"菜单

（b）"管理通用站描述文件"对话框

图 9.13　GSD 文件管理

（2）SINAMICS V90 PN 模块的添加。

模块的添加方法是在设备和网络中添加 SINAMICS V90 PN 模块，具体操作步骤见表 9.5。

表 9.5　SINAMICS V90 PN 模块的添加的操作步骤

序号	图片示例	操作步骤
1	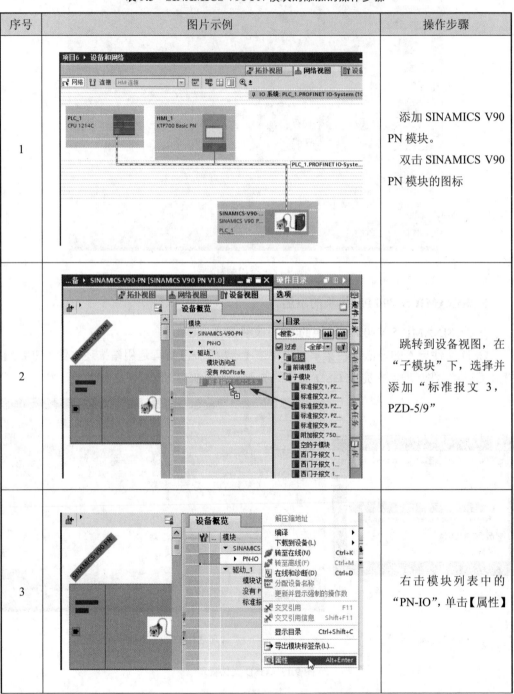	添加 SINAMICS V90 PN 模块。 双击 SINAMICS V90 PN 模块的图标
2		跳转到设备视图，在"子模块"下，选择并添加"标准报文 3，PZD-5/9"
3		右击模块列表中的"PN-IO"，单击【属性】

续表 9.5

序号	图片示例	操作步骤
4	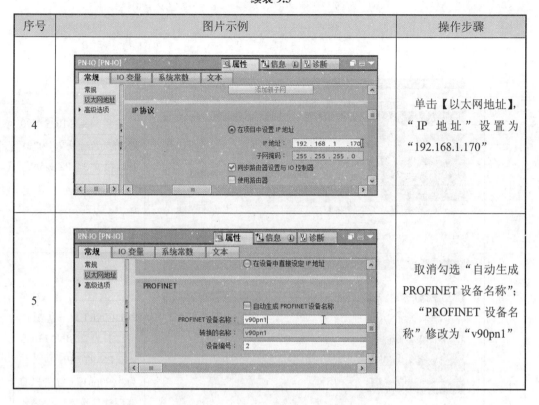	单击【以太网地址】，"IP 地址"设置为"192.168.1.170"
5		取消勾选"自动生成 PROFINET 设备名称"；"PROFINET 设备名称"修改为"v90pn1"

（3）SINAMICS V90 PN 伺服驱动器设置。

SINAMICS V90 PN 伺服驱动器设置的操作步骤见表 9.6。

表 9.6　伺服驱动器设置的操作步骤

序号	图片示例	操作步骤
1		使用 V-ASSISTANT 调试软件，在线后选择 SINAMICS V90 PN 的"控制模式"为"速度控制(S)"

续表 9.6

序号	图片示例	操作步骤
2	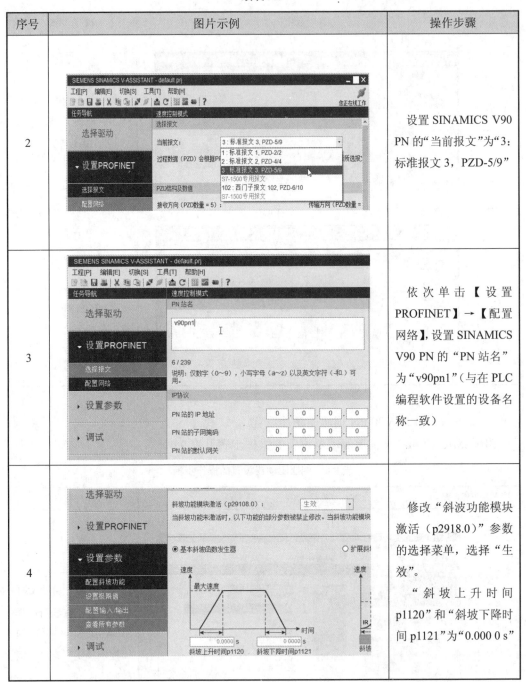	设置 SINAMICS V90 PN 的"当前报文"为"3：标准报文 3，PZD-5/9"
3		依次单击【设置 PROFINET】→【配置网络】，设置 SINAMICS V90 PN 的"PN 站名"为"v90pn1"（与在 PLC 编程软件设置的设备名称一致）
4		修改"斜坡功能模块激活（p2918.0）"参数的选择菜单，选择"生效"。 "斜坡上升时间 p1120"和"斜坡下降时间 p1121"为"0.000 0 s"

6. 添加工艺对象

（1）新增对象。

新增对象运动控制向导设置的操作步骤见表 9.7。

表 9.7 运动控制向导设置的操作步骤

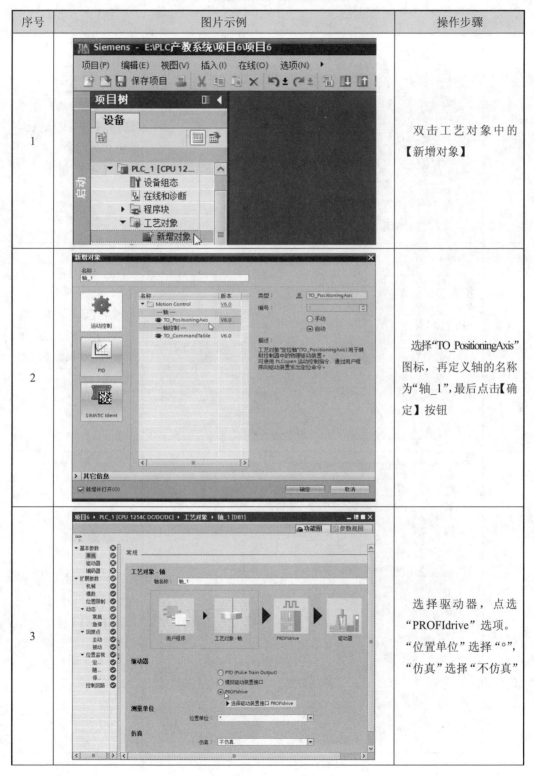

序号	图片示例	操作步骤
1		双击工艺对象中的【新增对象】
2		选择"TO_PositioningAxis"图标,再定义轴的名称为"轴_1",最后点击【确定】按钮
3		选择驱动器,点选"PROFIdrive"选项。"位置单位"选择"°","仿真"选择"不仿真"

续表 9.7

序号	图片示例	操作步骤
4	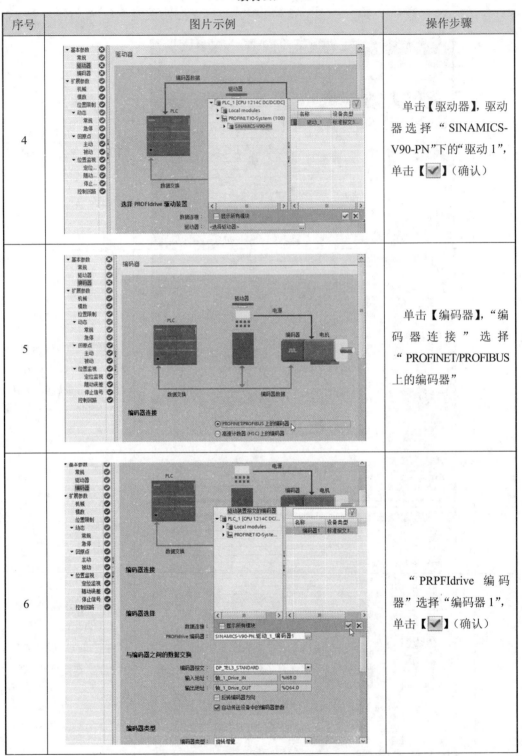	单击【驱动器】，驱动器选择" SINAMICS-V90-PN"下的"驱动 1"，单击【✔】（确认）
5		单击【编码器】，"编码器连接"选择" PROFINET/PROFIBUS 上的编码器"
6		" PRPFIdrive 编码器"选择"编码器 1"，单击【✔】（确认）

续表 9.7

序号	图片示例	操作步骤
7	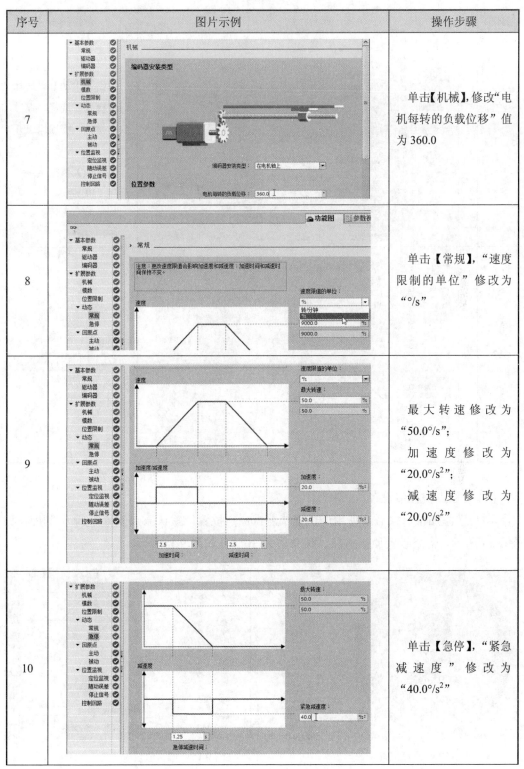	单击【机械】, 修改"电机每转的负载位移"值为 360.0
8		单击【常规】,"速度限制的单位"修改为"°/s"
9		最大转速修改为"50.0°/s"; 加速度修改为"20.0°/s²"; 减速度修改为"20.0°/s²"
10		单击【急停】,"紧急减速度"修改为"40.0°/s²"

261

续表 9.7

序号	图片示例	操作步骤
11	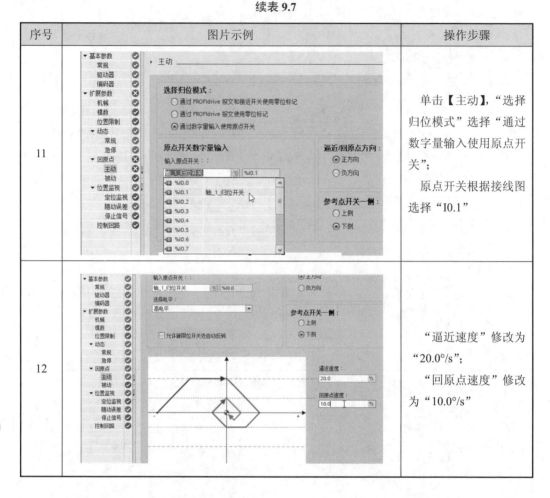	单击【主动】，"选择归位模式"选择"通过数字量输入使用原点开关"； 原点开关根据接线图选择"I0.1"
12		"逼近速度"修改为"20.0°/s"； "回原点速度"修改为"10.0°/s"

（2）原点偏移值设置。

用户在添加轴对象后，使用调试模式测试原点位置，默认原点位置未到 0 刻度，如图 9.14 所示，需要设置原点偏移，偏移值为 30°，如图 9.15 所示。

图 9.14　初始原点位置

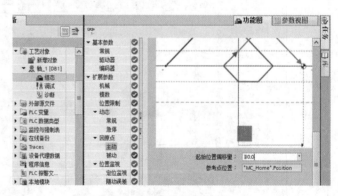

图 9.15　偏移值设置

7. 变量表配置

（1）I/O 配置。

按钮和指示灯的 I/O 配置见表 9.8。

表 9.8　I/O 配置

变量名称	标识	PLC 输入	变量名称	标识	PLC 输出
按钮 1	SB1	I1.0	指示灯 1	HL1	Q0.3
按钮 2	SB2	I1.1	指示灯 2	HL2	Q0.4
按钮 3	SB3	I1.2	指示灯 3	HL3	Q0.5
按钮 4	SB4	I1.3	指示灯 4	HL4	Q0.6
急停开关	SB5	I1.4	指示灯 5	HL5	Q0.7

根据表 9.8，在项目 6 中创建 I/O 变量表，如图 9.16 所示。

		名称	数据类型	地址
1		按钮1	Bool	%I1.0
2		按钮2	Bool	%I1.1
3		按钮3	Bool	%I1.2
4		按钮4	Bool	%I1.3
5		急停按钮	Bool	%I1.4
6		指示灯1	Bool	%Q0.3
7		指示灯2	Bool	%Q0.4
8		指示灯3	Bool	%Q0.5
9		指示灯4	Bool	%Q0.6
10		指示灯5	Bool	%Q0.7

		名称	数据类型	地址
11		运行标志	Bool	%M1.0
12		电机使能状态	Bool	%M1.1
13		原点动作完成	Bool	%M1.2
14		触摸屏启动	Bool	%M2.0
15		触摸屏停止	Bool	%M2.1
16		电机运动	Bool	%M2.2
17		位置编号	Byte	%MB3
18		目标位置	Real	%MD6
19		电机当前位置	Real	%MD10
20		电机当前速度	Real	%MD14

图 9.16　I/O 变量表　　　　　　　图 9.17　内部寄存器变量

（2）内部存储器变量设置。

本项目需要使用多个内部存储器变量，需要在编写程序前选择内部寄存器变量，并在变量表中设置名称。变量表_1 中添加的内部寄存器变量如图 9.17 所示。

9.4.3　主体程序设计

本项目主体程序为 PLC 程序。PLC 程序由名称为"main"的 OB1 组织块和名称为"电机控制"的函数块组成。

1."main"组织块

按表 9.9 中的操作步骤绘制"main"组织块的梯形图。

表 9.9 "main"组织块的梯形图

序号	图片示例	操作步骤
1	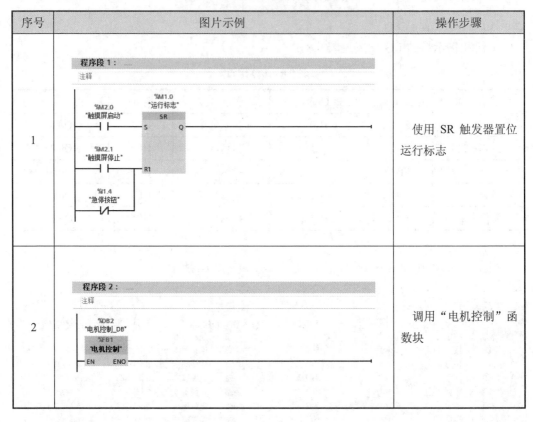	使用 SR 触发器置位运行标志
2		调用"电机控制"函数块

2."电机控制"函数块的梯形图

绘制"电机控制"函数块的梯形图的操作步骤见表 9.10。

表 9.10 "电机控制"函数块的梯形图的操作步骤

序号	图片示例	操作步骤
1	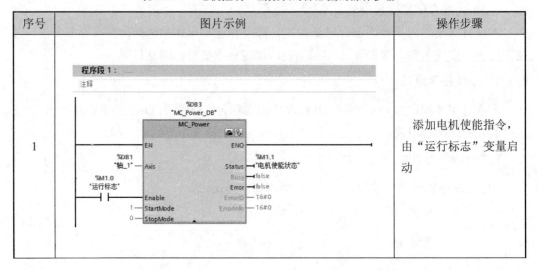	添加电机使能指令，由"运行标志"变量启动

续表 9.10

序号	图片示例	操作步骤
2	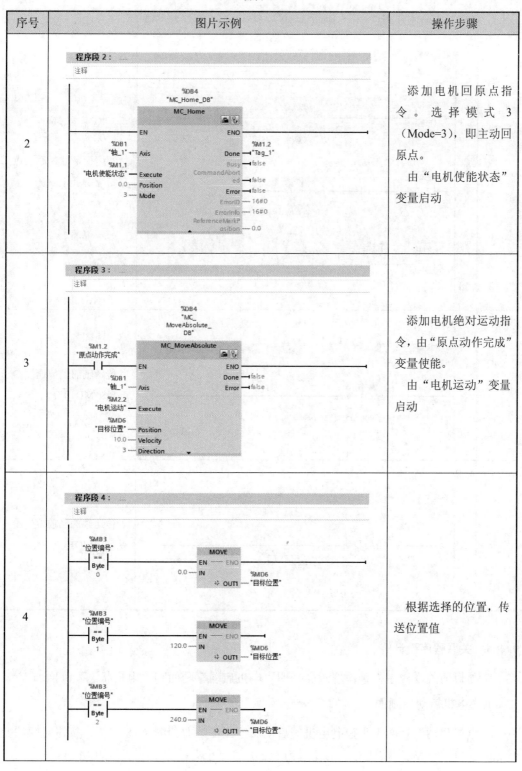	添加电机回原点指令。选择模式 3（Mode=3），即主动回原点。由"电机使能状态"变量启动
3		添加电机绝对运动指令，由"原点动作完成"变量使能。由"电机运动"变量启动
4		根据选择的位置，传送位置值

续表 9.10

序号	图片示例	操作步骤
5	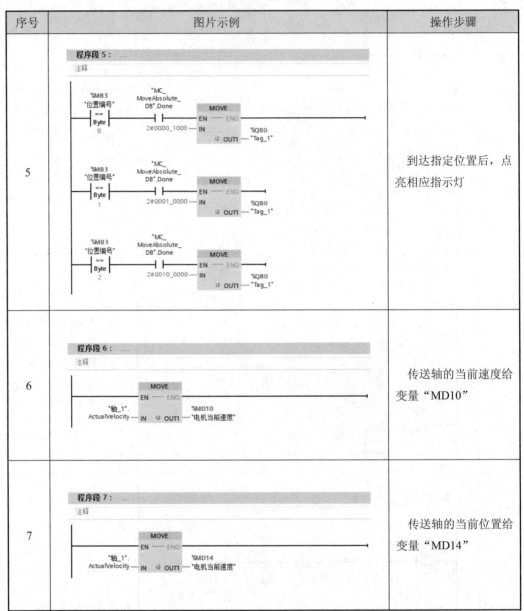	到达指定位置后，点亮相应指示灯
6	程序段 6：____ 注释 MOVE EN — ENO "轴_1".ActualVelocity — IN OUT1 — %MD10 "电机当前速度"	传送轴的当前速度给变量"MD10"
7	程序段 7：____ 注释 MOVE EN — ENO "轴_1".ActualVelocity — IN OUT1 — %MD14 "电机当前速度"	传送轴的当前位置给变量"MD14"

266

9.4.4 关联程序设计

本项目的关联程序为触摸屏画面，即"电机启动"画面和"电机状态"画面。

1."电机启动"画面

"电机启动"画面用于控制电机的启动与停止，画面如图 9.18 所示，按钮对应的变量见表 9.11。"启动"按钮对应的变量为 M2.0，"停止"按钮对应变量为 M2.1。

图 9.18　启动画面

启动画面设计的操作步骤见表 9.11。

表 9.11　启动画面设计的操作步骤

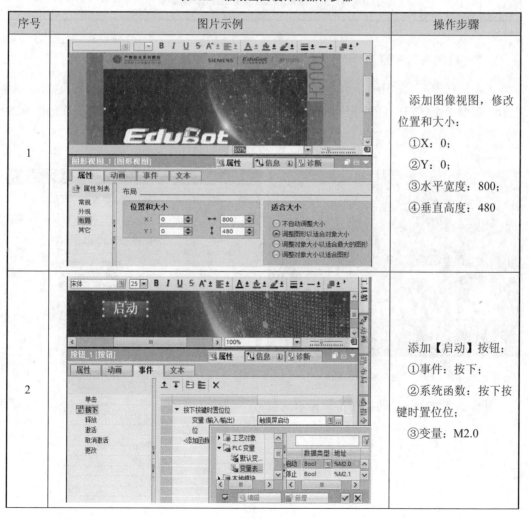

序号	图片示例	操作步骤
1		添加图像视图，修改位置和大小： ①X：0； ②Y：0； ③水平宽度：800； ④垂直高度：480
2		添加【启动】按钮： ①事件：按下； ②系统函数：按下按键时置位位； ③变量：M2.0

续表 9.11

序号	图片示例	操作步骤
3	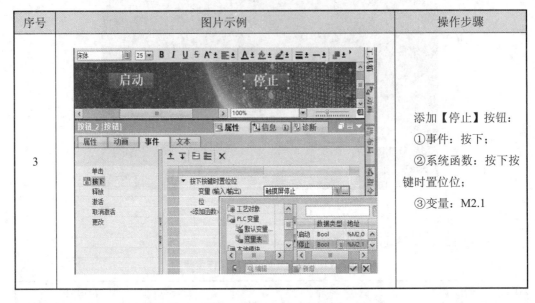	添加【停止】按钮： ①事件：按下； ②系统函数：按下按键时置位位； ③变量：M2.1

2. "电机状态" 画面

"电机状态"画面用于显示电机当前的速度与位置值和控制电机运动，画面如图 9.19 所示，需要 1 个按钮、1 个符号 I/O 域、2 个文本域和 2 个 I/O 域，对应的变量如图 9.20 所示。

图 9.19　"电机状态"画面

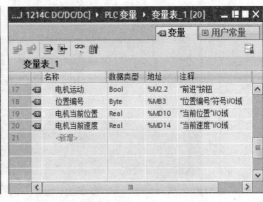

图 9.20　对应的变量

电机状态画面设计的操作步骤见表 9.12。

表 9.12　电机状态画面设计的操作步骤

序号	图片示例	操作步骤
1	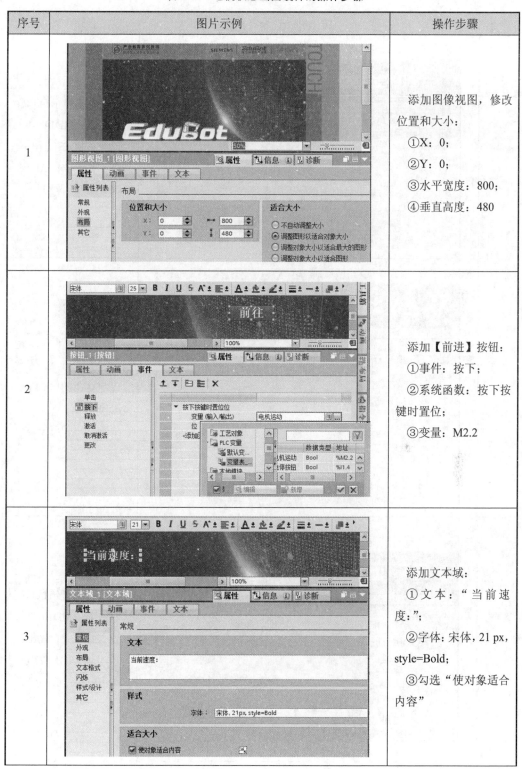	添加图像视图，修改位置和大小： ①X：0； ②Y：0； ③水平宽度：800； ④垂直高度：480
2		添加【前进】按钮： ①事件：按下； ②系统函数：按下按键时置位； ③变量：M2.2
3		添加文本域： ①文本："当前速度："； ②字体：宋体，21 px，style=Bold； ③勾选"使对象适合内容"

续表 9.12

序号	图片示例	操作步骤
4	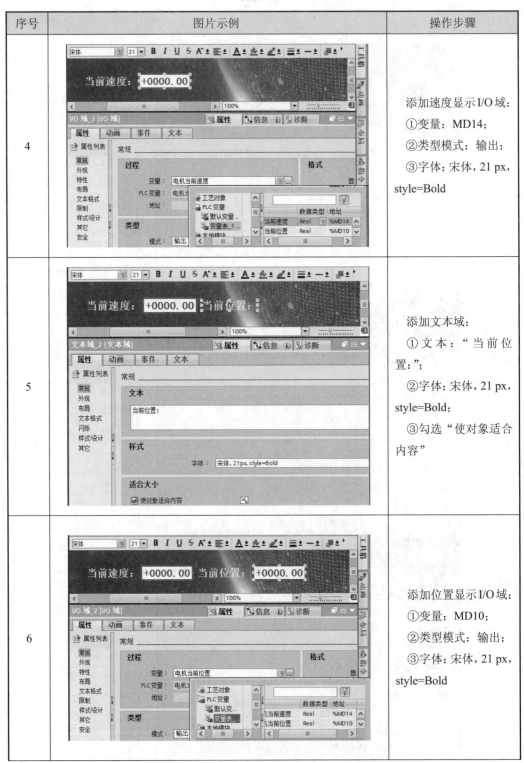	添加速度显示 I/O 域： ①变量：MD14； ②类型模式：输出； ③字体：宋体，21 px，style=Bold
5		添加文本域： ①文本："当前位置："； ②字体：宋体，21 px，style=Bold； ③勾选"使对象适合内容"
6		添加位置显示 I/O 域： ①变量：MD10； ②类型模式：输出； ③字体：宋体，21 px，style=Bold

续表 9.12

序号	图片示例	操作步骤
7	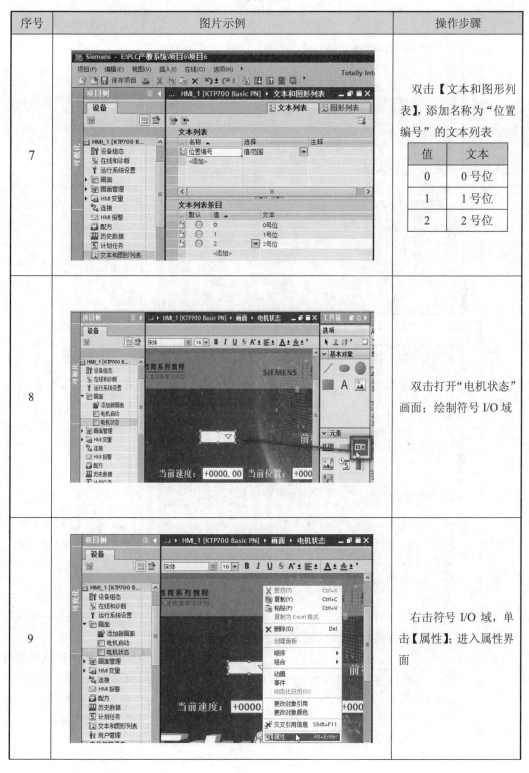	双击【文本和图形列表】，添加名称为"位置编号"的文本列表 | 值	文本
---	---
0	0 号位
1	1 号位
2	2 号位	
8		双击打开"电机状态"画面；绘制符号 I/O 域
9		右击符号 I/O 域，单击【属性】；进入属性界面

续表 9.12

序号	图片示例	操作步骤
10	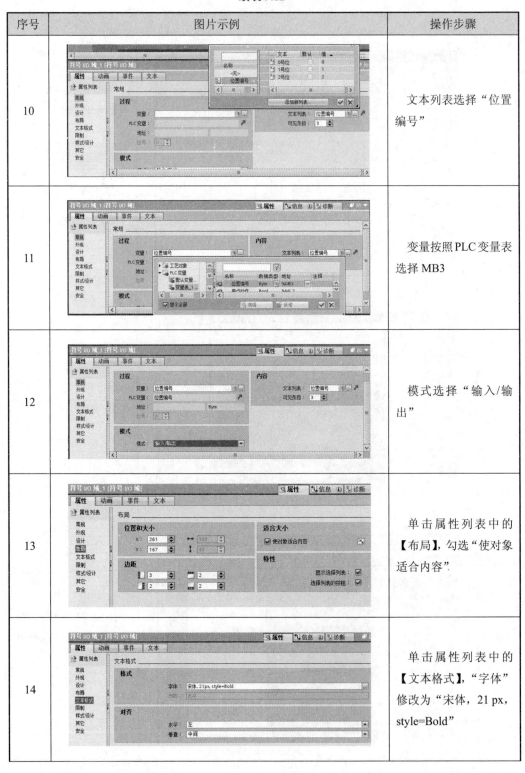	文本列表选择"位置编号"
11		变量按照 PLC 变量表选择 MB3
12		模式选择"输入/输出"
13		单击属性列表中的【布局】，勾选"使对象适合内容"
14		单击属性列表中的【文本格式】，"字体"修改为"宋体，21 px，style=Bold"

272

续表 9.12

序号	图片示例	操作步骤
15	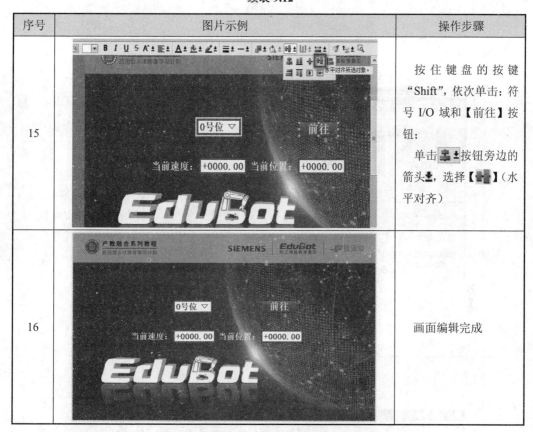	按住键盘的按键"Shift"，依次单击：符号 I/O 域和【前往】按钮； 单击 ⬆⬇ 按钮旁边的箭头⬆，选择【 ⬛⬛ 】（水平对齐）
16		画面编辑完成

273

3. 画面切换设置

在完成上述两个画面的绘制后，需要设置画面切换，操作步骤见表 9.13。

表 9.13　画面切换设置的操作步骤

序号	图片示例	操作步骤
1		双击【全局画面】

续表 9.13

序号	图片示例	操作步骤
2	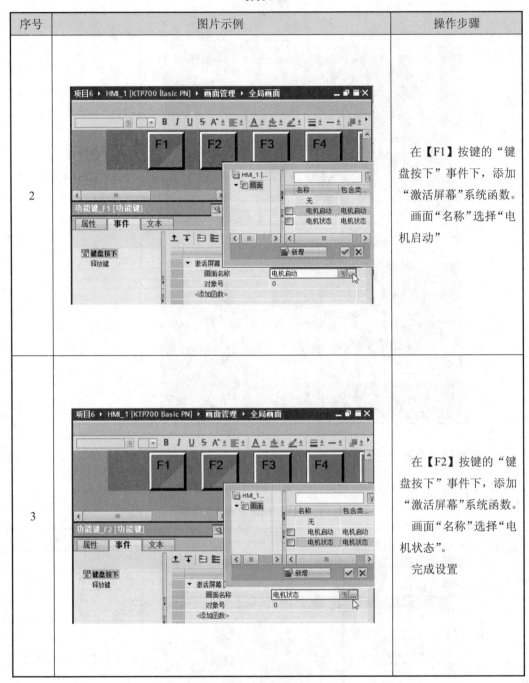	在【F1】按键的"键盘按下"事件下，添加"激活屏幕"系统函数。画面"名称"选择"电机启动"
3		在【F2】按键的"键盘按下"事件下，添加"激活屏幕"系统函数。画面"名称"选择"电机状态"。完成设置

9.4.5 项目程序调试

用户可以通过强制表和监控表调试电机控制程序，调试的操作步骤见表 9.14。

274

表 9.14 调试的操作步骤

序号	图片示例	操作步骤
1	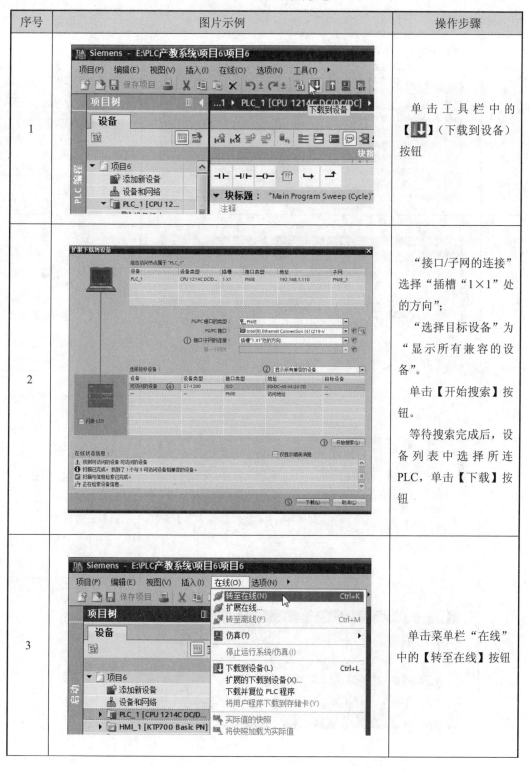	单击工具栏中的【↓】（下载到设备）按钮
2		"接口/子网的连接"选择"插槽"1×1"处的方向"； "选择目标设备"为"显示所有兼容的设备"。 单击【开始搜索】按钮。 等待搜索完成后，设备列表中选择所连 PLC，单击【下载】按钮
3		单击菜单栏"在线"中的【转至在线】按钮

续表 9.14

序号	图片示例	操作步骤
4	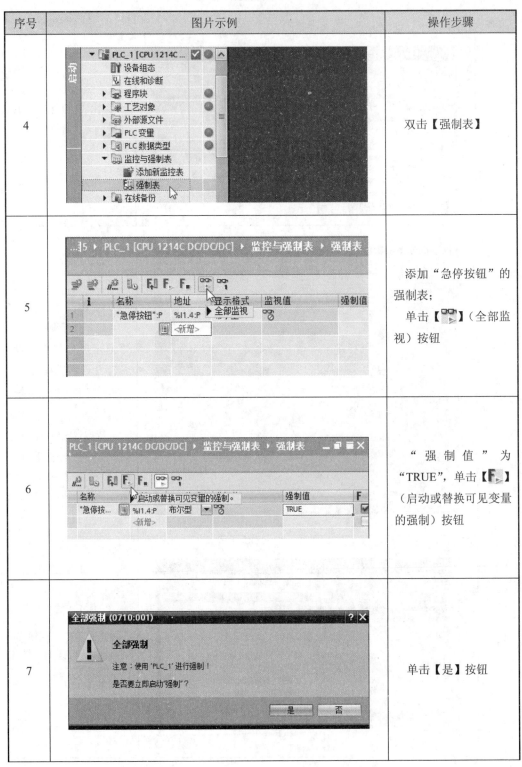	双击【强制表】
5		添加"急停按钮"的强制表； 单击【🔲】（全部监视）按钮
6		"强制值"为"TRUE"，单击【F】（启动或替换可见变量的强制）按钮
7		单击【是】按钮

续表 9.14

序号	图片示例	操作步骤
8	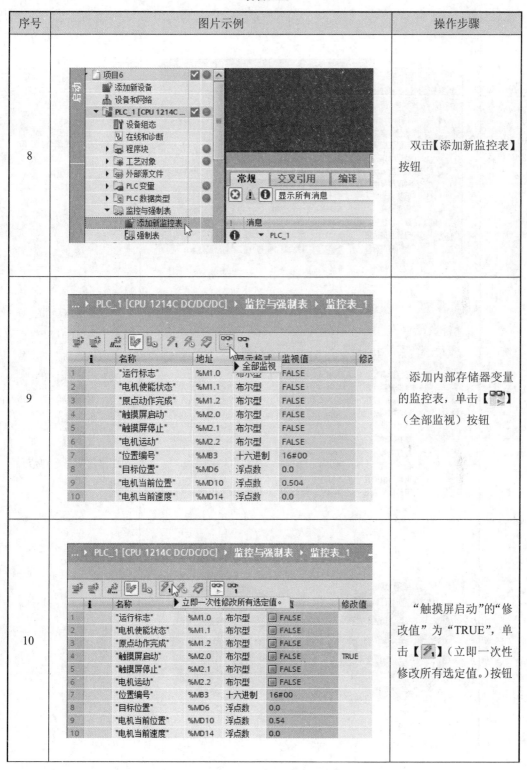	双击【添加新监控表】按钮
9		添加内部存储器变量的监控表，单击【　】（全部监视）按钮
10		"触摸屏启动"的"修改值"为"TRUE"，单击【　】（立即一次性修改所有选定值。)按钮

续表 **9.14**

序号	图片示例	操作步骤
11		电机运行，并开始回原点动作
12		"触摸屏启动"的"修改值"为"FALSE"；"电机运动"的"修改值"为"TRUE"；"位置编号"的"修改值"为"16#01"；单击【 】（立即一次性修改所有选定值。）按钮
13		电机转动至 120°位置附近

续表 9.14

序号	图片示例	操作步骤
14		"触摸屏停止"的"修改值"为"TRUE"; "电机运动"的"修改值"为"FALSE"; 单击【🔧₁】(立即一次性修改所有选定值。)按钮
15		"触摸屏停止"的"修改值"为"FALSE"; 单击【🔧₁】(立即一次性修改所有选定值。)按钮
16		电机伺服使能关闭

续表 9.14

序号	图片示例	操作步骤
17	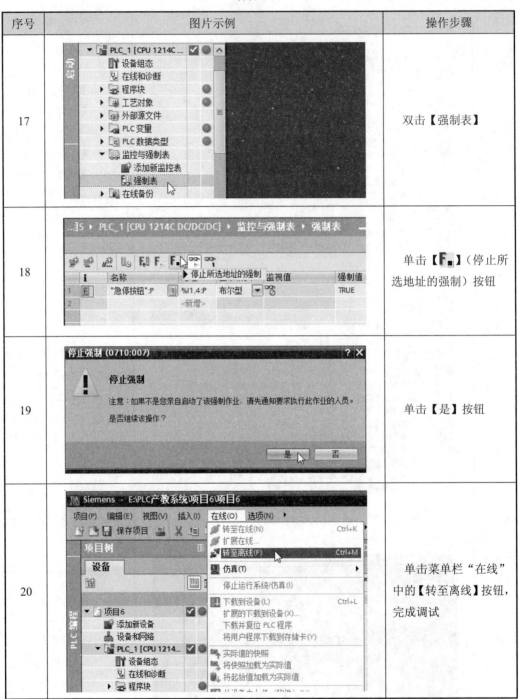	双击【强制表】
18		单击【F_】（停止所选地址的强制）按钮
19		单击【是】按钮
20		单击菜单栏"在线"中的【转至离线】按钮，完成调试

9.4.6　项目总体运行

项目总体运行的操作步骤见表 9.15。

表 9.15　项目总体运行的操作步骤

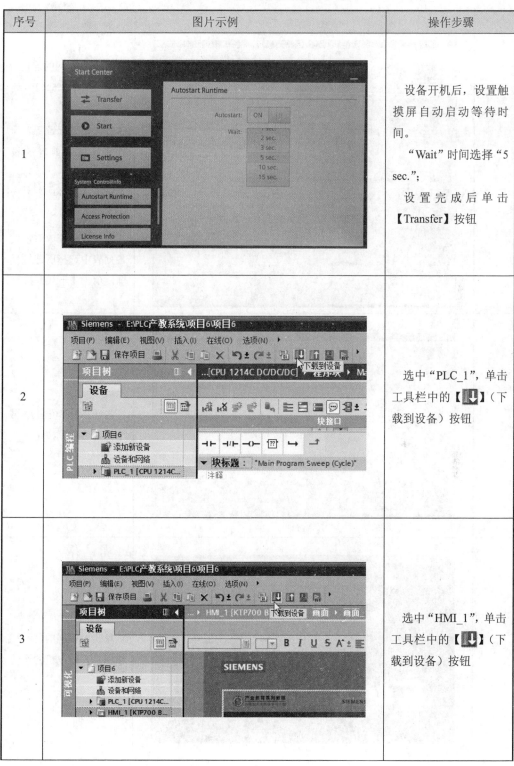

序号	图片示例	操作步骤
1		设备开机后，设置触摸屏自动启动等待时间。 "Wait"时间选择"5 sec."； 设置完成后单击【Transfer】按钮
2		选中"PLC_1"，单击工具栏中的【↓】（下载到设备）按钮
3		选中"HMI_1"，单击工具栏中的【↓】（下载到设备）按钮

续表 **9.15**

序号	图片示例	操作步骤
4	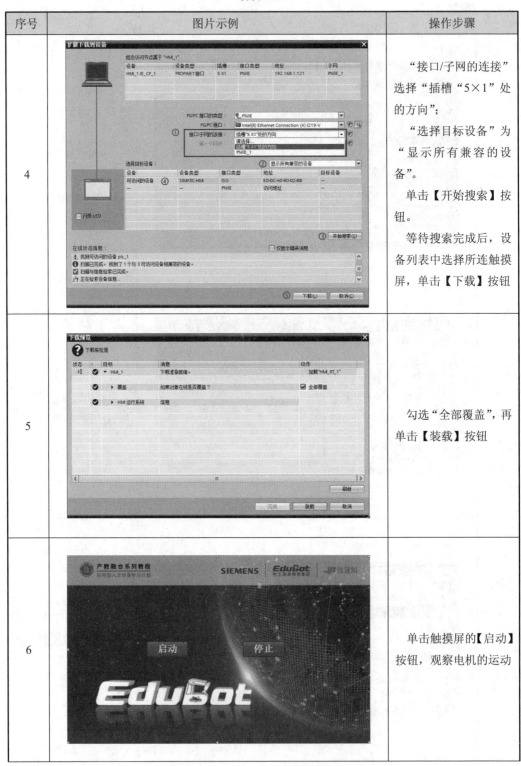	"接口/子网的连接"选择"插槽"5×1"处的方向"； "选择目标设备"为"显示所有兼容的设备"。 单击【开始搜索】按钮。 等待搜索完成后，设备列表中选择所连触摸屏，单击【下载】按钮
5		勾选"全部覆盖"，再单击【装载】按钮
6		单击触摸屏的【启动】按钮，观察电机的运动

续表 9.15

序号	图片示例	操作步骤
7	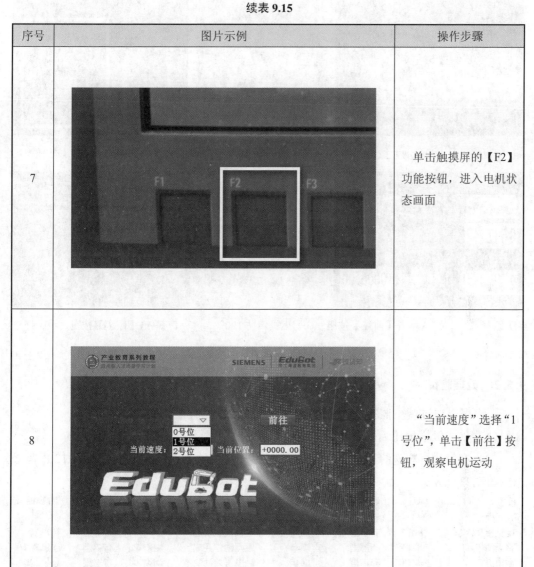	单击触摸屏的【F2】功能按钮,进入电机状态画面
8		"当前速度"选择"1号位",单击【前往】按钮,观察电机运动

9.5 项目验证

9.5.1 效果验证

设备运行的效果如图 9.21 所示。

283

（a）单击【启动】按钮

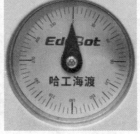
（b）电机回到原点

（c）单击触摸屏【F2】按钮

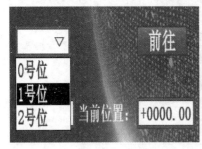
（d）选择"1 号位"，单击【前往】按钮

（e）电机转动 120°

（f）单击【停止】按钮，设备停止

图 9.21　设备运行的效果

9.5.2　数据验证

用户可以通过观察监控表内部存储器变量的状态，验证数据。

（1）单击触摸屏【启动】按钮，电机自动回原点，数据如图 9.22 所示。

（2）在触摸屏中选择"1 号位"，单击触摸屏【前往】按钮，电机移动到 120°，数据如图 9.23 所示。

名称	地址	显示格式	监视值
"运行标志"	%M1.0	布尔型	TRUE
"电机使能状态"	%M1.1	布尔型	TRUE
"原点动作完成"	%M1.2	布尔型	TRUE
"触摸屏启动"	%M2.0	布尔型	TRUE
"触摸屏停止"	%M2.1	布尔型	FALSE
"电机运动"	%M2.2	布尔型	FALSE
"位置编号"	%MB3	十六进制	16#00
"目标位置"	%MD6	浮点数	0.0
"电机当前位置"	%MD10	浮点数	0.0
"电机当前速度"	%MD14	浮点数	0.0

图 9.22　自动回原点时的数据

名称	地址	显示格式	监视值
"运行标志"	%M1.0	布尔型	TRUE
"电机使能状态"	%M1.1	布尔型	TRUE
"原点动作完成"	%M1.2	布尔型	TRUE
"触摸屏启动"	%M2.0	布尔型	FALSE
"触摸屏停止"	%M2.1	布尔型	FALSE
"电机运动"	%M2.2	布尔型	TRUE
"位置编号"	%MB3	十六进制	16#01
"目标位置"	%MD6	浮点数	120.0
"电机当前位置"	%MD10	浮点数	119.988
"电机当前速度"	%MD14	浮点数	-3.6

图 9.23　电机移动到"1 号位"时的数据

9.6　项目总结

9.6.1　项目评价

读者完成训练项目后，填写表 9.16 的项目评价表，包括自评、互评和完成情况说明。

表 9.16 项目评价表

项目指标		分值	自评	互评	完成情况说明
项目分析	1. 硬件架构分析	6			
	2. 软件架构分析	6			
	3. 项目流程分析	6			
项目要点	1. 触摸屏文本列表	8			
	2. 绝对运动指令	8			
	3. 比较指令	8			
项目步骤	1. 应用系统连接	8			
	2. 应用系统配置	8			
	3. 主体程序设计	8			
	4. 关联程序设计	8			
	5. 项目程序调试	8			
	6. 项目运行调试	8			
项目验证	1. 效果验证	5			
	2. 数据验证	5			
合计		100			

9.6.2 项目拓展

本拓展项目的内容为利用 PLC 产教应用系统，实现将分度盘分为 6 等份的功能，要求将触摸屏中的选择栏修改成如图 9.24 所示的画面。

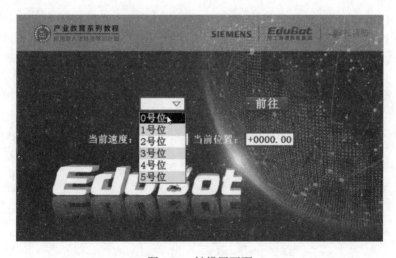

图 9.24 触摸屏画面

参考文献

[1] 西门子 S7-1200 系列 PLC 技术手册[K]. 西门子公司，2016.

[2] 西门子 HMI 精简系列面板技术手册[K]. 西门子公司，2019.

[3] 西门子 SINAMICS V90 PN 系列伺服系统技术手册[K].西门子公司，2018.

[4] 向晓汉，李润海. S7-1200/1500 PLC 学习手册：基于 LAD 和 SCL 编程[M]. 北京：化学工业出版社，2018.

步骤一

登录"技皆知网"

www.jijiezhi.com

步骤二

搜索教程对应课程

观看教学视频

咨询与反馈

尊敬的读者：

感谢您选用我们的教程！

本书有丰富的配套教学资源，凡使用本书作为教程的教师可咨询有关实训装备事宜。在使用过程中，如有任何疑问或建议，可通过电子邮箱（market@jijiezhi.com）或扫描右侧二维码，提交咨询信息。

（书籍购买及反馈表）

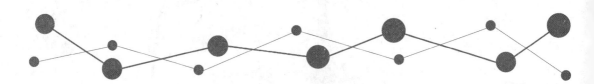